新工科建设·电子信息与电气类规划教材

U0149394

模拟电子技术实验与综合训练

主　编　徐玉菁

副主编　许　庆　吉　静　吴春红

编　者　吴小安　朱军非　余　康

东南大学出版社

SOUTHEAST UNIVERSITY PRESS

·南京·

内 容 简 介

　　本书是一本模拟电路综合性实验和课程设计教材,是根据"模拟电子技术"课程教学大纲的要求,结合作者多年的教学经验以及实验教学改革成果编写而成。内容包括电子线路实验基础知识、模拟电子技术实验、电子电路课程设计和 Multisim 软件应用四个部分。

　　本书在内容上具有很强的通用性和选择性,可作为工科院校电子类及非电子类相关专业本科生的课程实验和实践教材,也可供从事电子产品开发、设计、生产的工程技术人员学习和参考。

图书在版编目(CIP)数据

　　模拟电子技术实验与综合训练/ 徐玉菁主编. —南京:东南大学出版社,2021.12(2024.11重印)
　　ISBN 978-7-5641-9817-6

　　Ⅰ.①模… Ⅱ.①徐… Ⅲ.①模拟电路—电子技术—实验—高等学校—教材 Ⅳ.①TN710-33

　　中国版本图书馆 CIP 数据核字(2021)第 235603 号

责任编辑:姜晓乐　责任校对:韩小亮　封面设计:余武莉　责任印制:周荣虎

模拟电子技术实验与综合训练
Moni Dianzi Jishu Shiyan yu Zonghe Xunlian

主　　编:徐玉菁
出版发行:东南大学出版社
社　　址:南京市四牌楼2号　邮编:210096　电话:025-83793330
经　　销:全国各地新华书店
印　　刷:常州市武进第三印刷有限公司
开　　本:787mm×1 092mm　1/16
印　　张:13.75
字　　数:326千字
版　　次:2021年12月第1版
印　　次:2024年11月第2次印刷
书　　号:ISBN 978-7-5641-9817-6
定　　价:42.00元

前 言

　　模拟电子技术实验是工科门类中重要的专业基础课程之一,适用于高校电气类、电子类、自动化类及其他相近专业。为培养高素质的应用型人才,提高学生创新精神和实践能力,响应国家对于"新工科"人才培养的号召,组织编写了这本《模拟电子技术实验与综合训练》。

　　本书内容共分4个章节:

　　第1章介绍了电子线路实验基础知识,包含电子测量技术、电子测量仪器的基础知识、测量误差介绍、常用电子元器件介绍、电子电路安装技术和电子电路的调试与故障分析等。

　　第2章介绍了模拟电子技术实验,包含结型场效应管放大电路、单级低频电压放大电路、差动放大器、负反馈放大器、集成运放在运算电路中的应用、集成运放在波形产生器中的应用、LC振荡器及选频放大器、集成低频功率放大电路、精密整流电路、有源滤波器、施密特触发器和整流滤波及稳压电路等。

　　第3章介绍了模拟电子技术综合实验,包含温度控制电路、函数信号发生器、声光报警电路、音调控制电路的设计和过、欠压警报与保护电路等。

　　第4章介绍了Multisim14.0仿真软件的使用,包含仿真软件介绍、软件界面的操作和方法、虚拟仪器的使用、电路的基本分析方法等。

　　本书不仅可以作为模拟电子技术实验和课程设计的参考教材,还可以作为电子技术入门学习的参考教材。考虑到不同高校、不同专业对学生的培养计划有所区别,书中介绍了电子相关基础知识和基础型实验内容,便于基础较为薄弱的学生入门;设置了提高型和研究型实验课题,便于学生对模拟电子技术的研究和探索;最后给出Multisim仿真软件的使用方法,便于学生在无实物情况下进行电路的相关研究和探索。

　　在本书编写和出版的过程中,得到了很多专家、领导的帮助和支持,在此表示衷心的感谢!限于编者水平有限且编写时间仓促,虽经多次审查和校验,仍难免存在不妥之处,恳请专家与广大读者批评指正。

编者

2021 年 8 月

目　录

第1章
电子线路实验基础知识

1.1 电子测量技术

1.1.1 电子测量的意义和内容

1) 电子测量的意义

测量是为确定被测对象的量值而进行的实验过程。在这个过程中,人们常借助专门的测试仪器,将被测对象的大小直接或间接地与同类已知单位进行比较,取得用数值和单位共同表示的测量结果。测量结果必须由数值和单位两部分组成。例如某电流测量结果为10.4 mA是正确的,而测得的结果为10.4则是错误的。

电子测量,从广义上讲,是指以电子技术为测量手段的电的或者非电的各种测量;从狭义上讲,是指在电学中测量有关电的量值。

2) 电子测量的内容

电子测量已被广泛应用于各个领域,大到天文观测、航空航天,小到物质结构、基本粒子,无不运用电子测量技术。电子线路中的电子测量主要是指测量电子线路中有关电的量值,其测量内容主要包括以下几个方面。

(1) 能量的测量

能量的测量指的是对电流、电压、功率、电场强度等参量的测量。

(2) 电路参数的测量

电路参数的测量指的是对电阻、电感、电容、阻抗、品质因数等参量的测量。

(3) 电信号特性的测量

电信号特性的测量指的是对频率、周期、时间、相位、调制系数、失真度等参量的测量。

(4) 电路性能的测量

电路性能的测量指的是对通频带、选择性、放大倍数、衰减量、灵敏度、信噪比等参量的测量。

（5）特性曲线的测量

特性曲线的测量指的是对幅频特性、相频特性、器件特性等的显示测量。

电量的测量是最基本、最重要的测量内容。非电量的测量属于广义电子测量的内容，可以通过传感器将非电量变换为电量后进行测量。

1.1.2 电子测量的特点

电子测量与其他测量技术相比有以下几个明显的特点。

（1）测量频率范围宽

电子测量的频率范围几乎可以覆盖电磁频谱。除能测量直流电量外，其频率低端可测 10 Hz 量级，而高端的测量可达 170 GHz。由于电子测量装置能工作在这样宽的频率范围，因此它的应用范围相当广泛。

（2）量程范围宽

量程是指仪表标称范围的上、下两极限之差的值。电子测量的一个突出特点是被测对象的量值大小相差很大。例如，在地面接收到来自外太空宇宙飞船发来的信号功率，可低到 10^{-14} W 数量级，而远程雷达发射的脉冲功率，可高达 10^8 W 以上，两者之比为 $1:10^{22}$。

（3）测量准确度高

电子测量仪器的准确度一般比其他测量装置的准确度高得多，特别是对频率、时间的测量，其误差可以减小到 10^{-15} 量级，这两个量也是能进行最准确测量的两个基本量。测量的精确程度，除取决于测量方法的正确与否和测量技术的精度的高低外，还与所选用的测量仪器的精度有关。"差之毫厘，谬以千里"已经屡见不鲜，在现代科技和生产过程中，测量的标准越来越严格，电子测量仪器的测量精度也越来越高。

（4）测量速度快

电子测量是利用电子运动和电磁波的传播来进行工作的，因此它具有极快的测量速度，这也是它在现代科学技术中获得广泛应用的一个重要原因。例如火箭发射和运行中需要快速测出它的运动参数，然后通过计算机计算，对它发出控制信号，再进行适当调整，以达到预期的目的。如果测量速度慢，就来不及对火箭进行及时控制。同样，在工业自动化控制过程中的实时监控，应用的也是电子测量速度快这一特点。

（5）易于自动化

电子测量的一个突出特点就是可以通过各种类型的传感器实现遥测，这对于远距离或人体难以接近的地方的信号测量具有十分重要的意义。例如，在深海、地下、高温炉、核反应堆、宇宙空间等处，可以利用无线信号、光、辐射等传感方式进行测量。此外，将电子测量仪器与控制设备组合可作为自控、遥测设备的一部分，这就使得电子测量在自动化系统中占有了重要地位，特别是微型计算机问世以后，微型机或单片机被引入测试系统，从而出现了许多不同类型带微处理器的智能仪器。使用这些智能仪器进行测量工作时，无须人工干预，即可实现测量结果的误差修正、数据处理和输出显示等。

1.1.3　测量方法的分类

1)　按照测量手段分类

（1）直接测量法

直接测量法是指借助于测量仪器等设备可以直接得到被测量值的测量方法。例如,用电压表测量稳压电源的输出电压、用欧姆表测量电阻等。需要指出的是,直接测量并不仅指从仪器仪表上直接读取被测量的数值的测量。而实际上有许多比较式仪器(例如电桥),虽然不能从仪表的刻度盘上直接读出被测量的大小,但因为参与测量的对象就是被测量,所以这种测量仍属于直接测量。

（2）间接测量法

间接测量法是指对几个与被测量有确定函数关系的物理量进行直接测量,然后通过公式计算或查表等求出被测量的测量方法。例如,测量放大器的电压放大倍数 A_u,一般是分别测量交流输出电压 u_o 与交流输入电压 u_i,然后通过函数关系 $A_u = u_o / u_i$,即可计算出 A_u。这种测量方法常用于被测量不便直接测量,或者利用间接测量法测量的结果比直接测量法测量的结果更为准确的场合。

（3）组合测量法

组合测量法是建立在直接测量和间接测量基础上的测量方法。在某些测量中,被测量与几个未知量有关,测量一次无法得出完整的结果,需要通过改变测量条件进行多次测量,然后按照被测量和未知量之间的函数关系组成联立方程组,通过求解得出相关未知量。这种测量方法是一种特殊的精密测量方法,适用于科学实验及一些特殊场合。

2)　按照被测量性质分类

（1）时域测量法

时域测量法是指用于测量与时间有函数关系的量(如电压、电流等)的测量方法。它们的稳态值和有效值一般可以用仪表直接测量,而瞬时值可以通过观察示波器的波形,得到其随时间变化的规律。

（2）频域测量法

频域测量法是指用于测量与频率有函数关系的量(如电路的电压增益、相移等)的测量方法。可以通过分析电路的幅频特性、相频特性等进行测量。

（3）数字域测量法

数字域测量法是指对数字系统的逻辑特性进行测量的测量方法。利用逻辑分析仪能够分析离散信号组成的数据流,既可以观察多个输入通道的并行数据,也可以观察一个通道的串行数据。

（4）随机量测量法

随机量测量法是指对各种噪声、干扰信号等随机量进行测量的测量方法。

电子测量的方法还有很多,如人工测量和自动测量、动态测量和静态测量、精密测量和工程测量,以及低频测量、高频测量和超高频测量等。

测量时应对被测量的物理特性、测量允许时间、测量精度要求以及经费情况等方面进行综合考虑,结合现有的仪器、设备条件,择优选取合适的测量方法。

1.2 电子测量仪器的基础知识

1.2.1 电子测量仪器的发展

测量中用到的各种电子仪表、电子仪器及辅助设备统称为电子测量仪器,它的发展大致经历了模拟仪器、数字化仪器、智能仪器和虚拟仪器四个阶段。

1) 模拟仪器

模拟仪器是出现较早、比较常见的测量仪器,如指针式万用表、晶体管毫伏表等。它们的指示机构是电磁机械式的,借助指针显示测量结果。

2) 数字化仪器

数字化仪器是目前很普遍的测量仪器,如数字电压表、数字频率计等。数字化仪器将模拟信号的测量变换为数字信号的测量,并以数字形式给出测量结果,具有比模拟仪器测速快、测量准确度高、抗干扰性能好、操作方便等诸多优点。

3) 智能仪器

智能仪器内置微处理器,既能进行自动测试,又具有一定的数据处理功能,可取代部分脑力劳动。智能仪器的功能模块多以硬件(或固化的软件)形式存在,无论是开发还是应用,均缺乏一定的灵活性。

4) 虚拟仪器

(1) 虚拟仪器的基本概念

虚拟仪器(Virtual Instrument,VI)是于 20 世纪 90 年代以一种全新的理念发展起来的仪器,主要用于自动测试、过程控制、仪器设计和数据分析等。虚拟仪器强调“软件即仪器”,即在仪器设计或测试系统中尽可能用软件代替硬件,所以用户可以在通用计算机平台上,根据自己的需求来定义和设计仪器的测试功能,其实质是充分利用计算机的最新技术来实现和扩展传统仪器的功能。

(2) 虚拟仪器的组成

虚拟仪器主要由计算机、仪器模块和软件三部分组成。仪器模块的功能主要靠软件实现,通过编程在显示屏上构成信号发生器、示波器或数字万用表等传统仪器的软面板,而信号发生器产生信号的波形、频率、占空比、幅值等,示波器的测量通道、偏转灵敏度、时基因数、极性、触发信号等均用鼠标或按键进行设置,操作使用更加方便,而且虚拟仪器具有更强的分析处理能力。

(3) 虚拟仪器的特点

与传统仪器相比,虚拟仪器具有高效、开放、操作简便灵活、功能强大、性价比高等优点,其特点如下。

① 智能化程度高,处理能力强。

② 复用性强,费用低。用相同的硬件可构成多种不同测试功能的仪器,这些仪器的功能更加灵活、高效、开放,费用更低。通过与计算机网络连接,还可以实现虚拟仪器的分布式共享,能够更好地发挥仪器的使用价值。

③ 可操作性强,灵活易用。可由用户针对不同需要设计不同的操作显示界面,使仪器操作更加直观、简便、易于理解,而且测量结果可以直接进入数据库或通过网络发送。测量结束后,还可打印、显示所需的报表或曲线,使得仪器的可操作性大大提高。

1.2.2 电子测量仪器的分类

电子测量仪器种类繁多,主要包括专用仪器和通用仪器两大类。专用仪器是为特定目的专门设计制作的,适用于对特定对象的测量。通用仪器是指应用面广、灵活性好的测量仪器。

按照仪器功能划分,通用电子测量仪器可分为以下几类。

1) 信号发生器

信号发生器是指在电子测量中提供符合一定技术要求的电信号产生仪器,如正弦信号发生器、脉冲信号发生器、函数信号发生器、随机信号发生器等。

2) 电压测量仪器

电压测量仪器是指用于测量信号电压的仪器,如低频毫伏表、高频毫伏表、数字电压表等。

3) 波形测试仪器

波形测试仪器是指用于显示信号波形的仪器,如通用示波器、取样示波器、记忆存储示波器等。

4) 频率测量仪器

频率测量仪器是指用于测量信号频率、周期等的仪器,如数字式频率计等。

5) 电路参数测量仪器

电路参数测量仪器是指用于测量电阻、电感、晶体管放大倍数等电路参数的仪器,如电桥、Q 表、晶体管特性图示仪等。

6) 信号分析仪器

信号分析仪器是指用于测量信号非线性失真、信号频谱特性等的仪器,如失真度测试仪、频谱仪等。

7) 模拟电路特性测试仪器

模拟电路特性测试仪器是指用于分析模拟电路幅频特性、噪声特性等的仪器,如扫频仪、噪声系数测试仪等。

8) 数字电路特性测试仪器

数字电路特性测试仪器是指用于分析数字电路逻辑特性等的仪器,如逻辑分析仪、特征分析仪等,是数据域测量中不可缺少的仪器。

测量时应根据测量要求,参考被测量与测量仪器的有关指标,结合现有测量条件及经济状况,尽量选用功能相符、使用方便的仪器。

1.2.3 电子测量仪器的主要技术指标

电子测量仪器的性能指标主要包括频率范围、准确度、量程与分辨力、稳定性与可靠性、环境条件、响应特性以及输入/输出特性等。

1) 频率范围

频率范围即有效频率范围,是指能保证测量仪器其他指标正常工作的输入信号或输出信号的频率范围。

2) 准确度

准确度既可用于说明测量结果与被测量真值之间的一致程度,即测量准确度,也可用于描述测量仪器给出接近于真值的能力,即测量仪器准确度。

准确度通常以允许误差或不确定度的形式给出。不确定度是指在对测量数据进行处理的过程中,为了避免丢失真实数据而人为扩大的测量误差,是一个定量的量,由于它在一定程度上能反映出测量数据的可信程度而得名。不确定度的数值越大,丢失真实数据的可能性越小,即可信度越高。准确度不同于允许误差和不确定度,它是一种定性的概念而非定量的量。因为准确度是通过测量结果或测量仪器给出值表明真值(或实际值)所处的范围而非确定的数值。

3) 量程与分辨力

量程是指测量仪器的测量范围。分辨力是指通过仪器所能直接反映出来的被测量变化的最小值,即指针式仪表刻度盘标尺上最小刻度代表的被测量大小或数字仪表最低位的"1"所表示的被测量大小。同一仪器不同量程的分辨力不同,通常以仪器最小量程的分辨力(最高分辨力)作为仪器的分辨力。

4) 稳定性与可靠性

稳定性是指在一定的工作条件下,在规定时间内,仪器保持指示值或供给值不变的能力。可靠性是指仪器在规定的条件下,完成规定功能的可能性,是反映仪器是否耐用的一种综合性和统计性质量指标。

5) 环境条件

环境条件即保证测量仪器正常工作的工作环境,如基准条件、正常条件、额定工作条件等。

6) 响应特性

一般来说,仪器的响应特性是指输出的某个特征量与其输入的某个特征量之间的响应关系或驱动量与被驱动量之间的关系。例如,峰值检波器的响应特性为检波器输出的平均值 $\hat{U}_O$,约等于交流输入信号的峰值 $\hat{U}_I$。

7) 输入特性与输出特性

输入特性主要包括测量仪器的输入阻抗、输入形式等。输出特性主要包括测量结果的指示方式、输出电平、输出阻抗、输出形式等。

1.2.4　电子测量实验室的常识

1)　电子测量实验室的环境条件

电子测量仪器是由各种电子元器件构成的。它们往往不同程度地受到诸如温度、湿度、大气压强、振动、电网电压、电磁场干扰等外界环境的影响,因此,在同一环境条件下,用同一台仪器及同样的测量方法去测量同一个物理量,往往会出现不同的测量结果。

2)　电子测量仪器的放置及连线

(1) 电子测量仪器的放置

在测量前应安放好各仪器,且要注意以下两点:

① 在摆放仪器时,尽量使仪器的指示电表或显示器与操作者的视线平行,以减少视差;对那些在测量中需要频繁操作的仪器,其位置的安放应便于操作者的使用。

② 在测量中,当需要两台或多台仪器重叠放置时,应把重量轻、体积小的仪器放在上层;对散热量较大的仪器还要注意它自身的散热及对相邻仪器的影响。

(2) 电子测量仪器之间的连线

电子测量仪器之间的连线原则上要求尽量短,尽量减少或消除交叉,以免引起信号的串扰和寄生振荡。例如:图 1.2.1 中,图(a)、(c)是正确的连线方法,图(b)连接线太长,图(d)连接线有交叉。

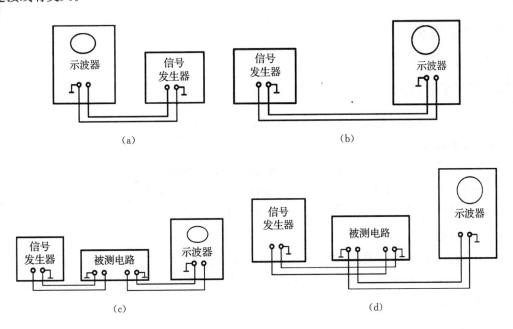

图 1.2.1　电子测量仪器之间的连线

3)　电子测量仪器的接地

电子测量仪器的接地有两层含义,即以保障操作者人身安全为目的的安全接地和以保证电子测量仪器正常工作为目的的技术接地。

（1）安全接地

安全接地即将机壳和大地连接。这里所说的"地"是指真正的大地。

为了消除隐患，一般可采取以下措施：

① 在实验室的地面上铺设绝缘胶。

② 仪器的电源插头应采用三芯插头，其中一芯为接地端（另一端连接在仪器的外壳上）。

③ 电子实验室的总地线可用大块金属板或金属棒深埋在附近的地下，并撒些食盐以减少接触电阻，再用粗导线引入实验室。通过接地线，泄漏电流就会流入大地这个巨大的导体。

（2）技术接地

技术接地是一种防止外界信号串扰的方法。这里所说的"地"，是指等电位点，即测量仪器及被测电路的基准电位点。技术接地一般有一点接地和多点接地两种方式。

一点接地适用于直流或低频电路的测量，即把测量仪器的技术接地点与被测电路的技术接地点连在一起，再与实验室的总地线（大地）相连；多点接地则应用于高频电路的测量。

在电子测量过程中，为避免干扰，大多数电子测量仪器的两个输入端中一端为接地端，与仪器的外壳相连，并与连接被测对象的电缆引线外层屏蔽线相连，这个端点通常用"⊥"表示。如果同时使用多台仪器，那么需要将它们的"⊥"端均接在一起，即"共地"。仪器外壳则可通过电源插头中的接地端与大地相连，可以避免外界电磁场的干扰，提高测量稳定性。因此，在电子测量中，一定注意不要将接地端与非接地端任意调换。

1.3　测量误差

1.3.1　测量误差的来源

产生测量误差的原因是多方面的，其主要来源包括以下几类。

1）仪器误差

仪器误差是由于仪器本身及其附件的电气和机械性能不完善而引起的误差。如由于仪器零点漂移、刻度非线性等引起的误差。消除仪器误差的方法：事先对仪器进行校准，根据精度高的仪器确定修正值，在测量过程中根据修正值加入适当的补偿来抵消仪器误差。

2）使用误差

使用误差又称为操作误差，是由于安装、调节、使用不当等引起的误差。如测量时由于阻抗不匹配等引起的误差。测量者应严格按照操作规程使用仪器，提高实验技巧和对各种仪器的操作能力。

3）人为误差

人为误差是由于测量者本身所引起的误差，如测量者的分辨能力、习惯等。

4）环境误差

环境误差又称为影响误差，是由于仪器受到外界的温度、湿度、气压、振动等影响而产生的误差。如数字电压表性能指标中常单独给出的温度影响误差。

5) **方法误差**

方法误差又称为理论误差,是由于测量时使用的方法不完善、所依据的理论不严格等而引起的误差。例如在图 1.3.1 中由于电流表测得的电流还包括流过电压表内阻的电流,因此电阻的测量值要比电阻的实际值小,由此产生的误差属于方法误差。

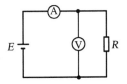

测量工作中,应对误差来源进行认真分析,采取相应的措施减小误差源对测量结果的影响,提高测量准确度。

图 1.3.1 伏安法测量电阻

1.3.2 测量误差的分类

根据测量误差的性质和特点,测量误差分为系统误差、随机误差和粗大误差三类。

1) **系统误差**

(1) 定义

在规定的测量条件下,对同一量进行多次测量时,如果测量误差能够保持恒定或按照某种规律变化,那么这种误差称为系统误差或确定性误差,简称为系差。如电表零点不准,温度、湿度、电源电压变化等引起的误差。

(2) 分类与判断

系统误差根据其性质特征的不同分为恒定系统误差和变值系统误差。

① 恒定系统误差简称为恒定系差,误差的大小及符号在整个测量过程中始终保持恒定不变。

② 变值系统误差简称为变值系差,误差的大小及符号在测量过程中会随测试的某个或某几个因素按照累进性规律、周期性规律或某一复杂规律等确定的函数规律变化。

具有累进性规律的变值系差称为累进性系差,图 1.3.2(a)和图 1.3.2(b)所示的累进性系差分别具有线性递增和线性递减的规律,Δu_i 为每次测量的误差,i 为测量次数。

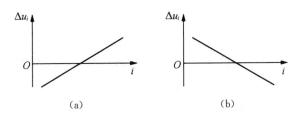

(a)　　　　　　　　(b)

图 1.3.2 累进性系统误差

具有周期性规律的变值系差称为周期性系差。按照某一复杂规律变化的变值系差称为按复杂规律变化的系差。

系统误差的发现和判断除了可以用理论分析法、校准和比对法、改变测量条件法、公式判断法外,比较简单的是剩余误差观察法。

剩余误差 u_i 是单次测量值与多个测量值的算术平均值的差。剩余误差观察法根据剩余误差大小、符号的变化规律,来判断有无系差和系差类型,如图 1.3.3 所示。

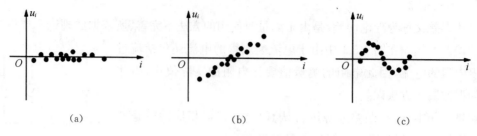

图 1.3.3　系统误差的判断

图 1.3.3(a)表明剩余误差大致上正负相同,无明显变化规律,可以认为不存在系差。图 1.3.3(b)表明剩余误差呈线性递增的规律,可以认为存在累进性系差。图 1.3.3(c)表明剩余误差的大小、符号呈周期性变化,可以认为存在周期性系差。

（3）系统误差与测量的关系

系统误差表明的是测量结果偏离真值或实际值的程度,即系统误差越小,测量准确度越高。系统误差通常能够出现在最终的测量结果中。

（4）减小系统误差的方法

系统误差通常是由那些对测量影响显著的因素产生的。为了减小系统误差,在测量之前应尽量发现并消除可能产生系统误差的来源及其影响,测量中则应采用适当的方法,如零示法、替代法、交换法、微差法等,或引入修正值加以抵消或削弱。

① 零示法是在测量中使被测量对指示仪表的作用与某已知的标准量对它的作用相互平衡,以使指示仪表示零,这时被测量等于已知的标准量。零示法可以消除因指示仪表不准而造成的误差,如天平称量物体质量等。

② 替代法即置换法,是在测量条件不变的情况下,用一个已知标准量去代替被测量,并调整标准量使仪器的示值不变,在此种情况下,被测量等于调整后的标准量。例如,在图 1.3.4 用直流电桥测量直流电阻的过程中,先接入电阻 R_x。使电桥处于平衡,电流表的指示为 0。再用 R_s 替代 R_x,调节 R_s 使电桥再次平衡,此时 R_x 与 R_s 相等。

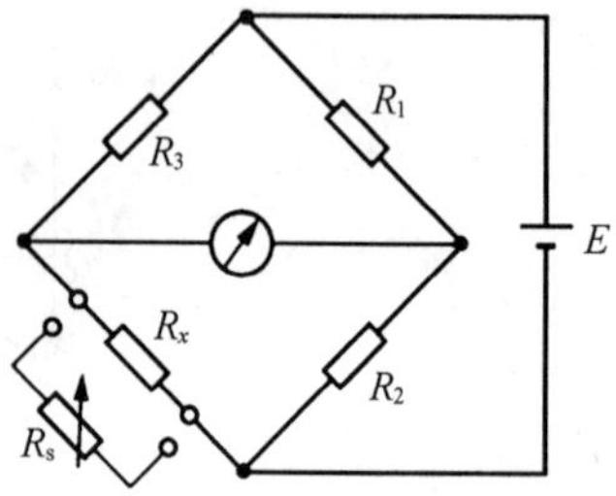

由于在替代的过程中,仪器状态和示值都不变,因此仪器误差和其他造成系统误差的因素对测量结果基本不产生影响。

③ 交换法即对照法,是利用交换被测量在测量系统中的位置或测量方向等,设法使两次测量中误差源对被测量的作用相反,取两次测量的平均值作为测量结果。

图 1.3.4　直流平衡电桥测量直流电阻

交换法将大大削弱系统误差的影响,例如,用旋转刻度盘读数时,分别将刻度盘向右旋转和向左旋转进行两次读数,并取读数的平均值作为最后结果,这样可以减小传动结构的机械间隙所产生的误差。

④ 微差法又称为虚零法或差值比较法,它实质上是一种不彻底的零示法。在零示法中

需要仔细调节标准量 s 使之与被测量 x 相等,其操作费时费力,甚至不可能做到。微差法允许标准量 s 与被测量 x 的效应不完全抵消,而是相差一微小量 δ,测得 $\delta = x - s$,即可得到被测量 x。

$$x = s + \delta \tag{1.3.1}$$

x 的示值相对误差为

$$\gamma_s = \frac{\Delta x}{x} = \frac{\Delta s}{x} + \frac{\Delta \delta}{x} = \frac{\Delta s}{s + \delta} + \frac{\delta}{x} \times \frac{\Delta \delta}{\delta} \tag{1.3.2}$$

因为 $\delta \ll s$,所以 $s + \delta \approx s$,又因为 $\delta \ll x$,所以 $\frac{\Delta x}{x} \approx \frac{\Delta s}{s}$。

即被测量相对误差近似等于标准量相对误差,而仪表产生的偏差几乎可以忽略。

2) 随机误差

随机误差又称为偶然误差或残差,简称为随差,是指在一系列重复测量中,每次测量结果出现无规律随机变化的误差。随机误差反映了测量结果的离散性,即随机误差越小,测量精密度越高。

随机误差主要由那些影响微弱、变化复杂而又互不相关的多种因素共同造成。在足够多次的测量中,随机误差服从一定的统计规律,即误差小的出现的概率高,误差大的出现的概率低,而且大小相等的正负误差出现的概率相等。因此,采用多次测量求平均的方法可以消除或削弱随机误差。一般认为,只要测量次数足够多,随机误差的影响就足够小。随机误差可以出现在单次测量结果中,一般不会出现在最终结果中。

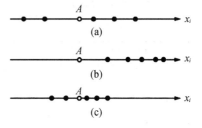

图 1.3.5 测量准确度、精密度与精确度

注意:测量准确度和测量精密度之间没有必然的联系,如图 1.3.5 所示,A 为被测量真值,x_i 为单次测量值。图 1.3.5(a)表明测量准确度高而精密度低,图 1.3.5 (b)表明测量精密度高而准确度低。如果系差和随差都小,则测量准确度和精密度都高,称为测量精确度或精度高,如图 1.3.5(c)所示。

3) 粗大误差

粗大误差是指在一定测量条件下,由于测量者对仪器不了解或粗心而导致读数不正确,其测量值远远偏离实际值时所对应的误差。粗大误差的特点:误差大小明显超过正常测量条件下的系统误差和随机误差。含有粗大误差的测量值为坏值,需要将其从测量数据中剔除。

1.3.3 电子测量仪器的误差

仪器误差是误差的主要来源之一,也是电子测量仪器的一项重要质量指标,主要包括以下几种。

1) 固有误差

固有误差是指在基准条件(见表 1.3.1)下,由于仪器本身而产生的允许误差。它大致反映了仪器的最高测量精确度,通常用于仪器误差的检验和比对。

表 1.3.1　国际电工委员会(IEC)推荐的基准条件

影响量(影响因素)	基准数值或范围	公差
环境温度	20 ℃,23 ℃,25 ℃,27 ℃,未指明时为 20 ℃	±1 ℃
相对湿度	45%～75%	
大气压强	101 kPa	
交流供电电压	额定值	±2%
交流供电频率	50 Hz	±1%
交流供电波形①	正弦波	$\beta \leqslant 0.05$
直流供电电压②	额定值	$\Delta U/U_。\leqslant \pm 1\%$
通风	良好	
太阳辐射效应	避免直射	
周围大气速度	0～0.2 m/s	
振动	测不出	
大气中沙、尘、盐、污染气体或者水蒸气、液态水等	均测不出	
工作位置	按照制造厂规定	

注:①β称为失真因子,交流供电波形应保持在$(1+\beta)\sin\omega t$与$(1-\beta)\sin\omega t$所形成的包络之内。
②ΔU为纹波电压峰-峰值,$U_。$为直流供电电压额定值。

2) 基本误差

基本误差是指在正常条件(见表 1.3.2)下,由于仪器方面而产生的允许误差。与基准工作条件相比,仪器在正常条件下的工作环境较差。

表 1.3.2　IEC 推荐的正常条件

规定条件	数值或范围及其他要求	规定条件	数值或范围及其他要求
环境温度	(20±5)℃	外界电磁场干扰	应避免
相对湿度	(65±15)%	外界机械振动和冲击	应避免
大气压强	(101.325±5%)kPa	仪器负载、输入/输出功率、电压、频率等	符合技术条件的规定
交流供电电压	(1±2%)额定值		

3) 工作误差

工作误差是指在仪器额定工作条件下,在任意点上求得的仪器某项特性的误差。额定工作条件包括仪器本身的全部使用范围和全部外部工作条件,是仪器全部不利工作环境条件的组合,通常以允许误差的形式给出。工作误差包括仪器固有误差(或基本误差)及各种因素共同作用的总效应,在说明书中必须给出,固有误差则可视情况给出。

4) 影响误差

影响误差是指当某一个影响量即影响因素在其额定使用范围内或一个影响特性在其有效范围内取任意值,而其他影响量和影响特性均处于基准条件时所测得的误差。

5) 稳定误差

稳定误差是仪器标准值在其他影响量和影响特性保持恒定的情况下,在规定时间内产生的误差极限,习惯上以相对误差形式给出或者注明最长连续工作时间。

1.3.4 测量误差的表示方法

测量误差的表示方法有三种:绝对误差、相对误差和允许误差。

1) 绝对误差

(1) 定义

被测量的测量值 x 与真值 A_0 之差称为绝对误差,用 Δx 表示,即

$$\Delta x = x - A_0 \tag{1.3.3}$$

式中, x 为被测量的给出值、示值或测量值,习惯上统称为示值, A_0 为被测量的真值。

注意:示值和仪器的读数是有区别的,读数是从仪器刻度盘、显示器等读数装置上直接读到的数据,而示值则是由仪器刻度盘、显示器上的读数经换算而得到的。

真值 A_0 是一个理想的概念,实际上是不可能得到的,通常用高一级标准仪器所测得的测量值 A 来代替,称为被测量的实际值。绝对误差的计算式为

$$\Delta x = x - A \tag{1.3.4}$$

绝对误差的正负号表示测量值偏离实际值的方向,即偏大或偏小。绝对误差的大小则反映出测量值偏离实际值的程度。

(2) 修正值

与绝对误差大小相等、符号相反的量值称为修正值,用 C 表示,即

$$C = -\Delta x = A - x \tag{1.3.5}$$

修正值通常是在用高一级标准仪器对测量仪器校准时给出的。当得到测量值 x 后,要对测量值 x 进行修正以得到被测量的实际值,即

$$A = C + x \tag{1.3.6}$$

修正值有时不一定是具体数值,也可能是一条曲线或一张表格,和绝对误差一样都有大小、符号及量纲。

2) 相对误差

虽然绝对误差可以说明测量结果偏离实际值的情况,但不能确切反映测量结果偏离实际值的程度,为了克服绝对误差的这一不足,通常采用相对误差的形式来表示。

$$\gamma_x = \frac{\Delta x}{A_0} \times 100\% \tag{1.3.7}$$

当相对误差公式中分别用实际值、示值或满度值代替时,对应地称为实际相对误差、示值相对误差和满度相对误差。

（1）实际相对误差

绝对误差 Δx 与实际值 A 之比,称为实际相对误差,用 γ_A 表示为

$$\gamma_A = \frac{\Delta x}{A} \times 100\% \tag{1.3.8}$$

（2）示值相对误差

绝对误差 Δx 与测量值 x 之比,称为示值相对误差,用 γ_x 表示为

$$\gamma_x = \frac{\Delta x}{x} \times 100\% \tag{1.3.9}$$

（3）满度相对误差

绝对误差 Δx 与仪器满度值 x_m 之比,称为满度相对误差或引用相对误差,简称为满度误差或引用误差,用 γ_m 表示。它是为了描述电工仪表的准确度等级而引入的相对误差,计算式为

$$\gamma_m = \frac{\Delta x}{x_m} \times 100\% \tag{1.3.10}$$

指针式电工仪表的准确度等级通常分为 0.1、0.2、0.5、1.0、1.5、2.5、5.0 共七级,分别表示仪表满度相对误差所不超过的百分比。如某型万用表面板上的"～5.0",表示该型万用表测量交流量时的满度相对误差为 $\pm 5.0\%$,在无标准仪表比对的情况下,是不可能确定测量值的偏离方向的,所以应带有"$\pm$"号。

由上式可计算出使用该仪表测量时可能产生的最大误差 Δx_m,即

$$\Delta x_m = x_m \gamma_m \tag{1.3.11}$$

实际测量的绝对误差 Δx 应满足

$$\Delta x \leqslant \Delta x_m \tag{1.3.12}$$

$$\gamma_x \leqslant \frac{\Delta x_m}{x} \tag{1.3.13}$$

可见,对于同一仪表,所选量程不同,可能产生的最大绝对误差也不同。而对于同一量

程,在无修正值可以利用的情况下,在不同示值处的绝对误差一般按最坏的情况处理,即认为仪器在同一量程各处的绝对误差是常数且等于 Δx_m。所以当仪表的准确度等级选定后,一般情况下,测量值越接近满度值时,相对误差越小,测量越准确。

因此,在一般情况下,应尽量使指针处在仪表满度值的 2/3 以上区域。但该结论只适用于正向线性刻度的一般电工仪表。对于指针式万用表电阻挡等非线性刻度电工仪表,应尽量使指针处于满度值的 1/2 或 1/2 以下区域。

相对误差只有大小和符号,没有单位。

例 1-1 已知用电压表校准万用表时测得的两个电压值分别是 100 V、50 V,而用万用表测得的值分别是 90 V、40 V,两次测量的绝对误差、修正值、实际相对误差分别是多少?

解:根据题意知,$U_{A1} = 100$ V,$U_{A2} = 50$ V,$U_{x1} = 90$ V,$U_{x2} = 40$ V。

第一次测量:$\Delta U_1 = 90$ V $- 100$ V $= -10$ V

$$C_1 = -\Delta U_1 = 10 \text{ V}$$

$$\gamma_{A1} = \Delta U_1 / U_{A1} \times 100\% = -10 \text{ V}/100 \text{ V} \times 100\% = -10\%$$

第二次测量:$\Delta U_2 = 40$ V $- 50$ V $= -10$ V

$$C_2 = -\Delta U_2 = 10 \text{ V}$$

$$\gamma_{A2} = \Delta U_2 / U_{A2} \times 100\% = -10 \text{ V}/50 \text{ V} \times 100\% = -20\%$$

由此可见,第一次测量要比第二次测量准确。由于被测量的实际值是确定的,因此绝对误差的计算式中只有"一",而无"±"。

例 1-2 如果要测量一个 40 V 左右的电压,现有两块电压表,其中一块量程为 50 V、1.5 级,另一块量程为 100 V、1.0 级,应选用哪一块电压表测量比较合适?

解:根据题意,因为要测量的是同一个被测量,故只要比较两块电压表测量时产生的绝对误差即可。

第一块电压表测量的绝对误差为 $\Delta U_1 \leqslant 50$ V $\times (\pm 1.5\%) = \pm 0.75$ V

第二块电压表测量的绝对误差为 $\Delta U_2 \leqslant 100$ V $\times (\pm 1.0\%) = \pm 1.0$ V $> \Delta U_1$

因此,应选用第一块电压表测量。

3) 允许误差

一般情况下,线性刻度电工仪表的指示装置对它的测量结果影响比较大,但因其指示装置构造的特殊性,使得无论测量值是多大,产生的误差总是比较均匀的,所以线性刻度电工仪表的准确度通常用满度相对误差表示。而对于结构较复杂的电子测量仪器来说,由某一部分产生极小的误差,就有可能由于累积或放大等而产生很大的误差,因此不能用满度相对误差而用允许误差来表示它的准确度等级。

1.3.5 测量结果的表示及有效数字

1) 测量结果的表示

测量结果一般以数字方式或图形方式等来表示。图形方式可以在测量仪器的显示屏上直接显示出来,也可以通过对数据进行描点作图得到。测量结果的数字表示方法有以下几种。

(1) 测量值+不确定度

这是最常用的表示方法,特别适合表示最后的测量结果。例如,$R = (40.67 \pm 0.5)\Omega$,40.67 Ω 称为测量值,±0.5 Ω 称为不确定度,表示被测量实际值是处于 40.17～41.17 Ω 区间的任意值,但不能确定具体数据。不确定度和测量值都是在对一系列测量数据的处理过程中得到的。

(2) 有效数字

有效数字是由第一种数字表示方法改写而成的,比较适合表示中间结果。当未标明测量误差或分辨力时,有效数字的末位一般与不确定度第一个非零数字的前一位对齐。例如,$R = (40.67 \pm 0.5)$ Ω 改写成有效数字为 $R = 41$ Ω。

(3) 有效数字加 1～2 位的安全数字

该方法是由前两种表示方法演变而成的,它比较适合表示中间结果或重要数据。增加安全数字可以减小由第一种方法改写成第二种方法时产生的误差对测量结果的影响。该方法是在第二种表示方法确定出有效数字位数的基础上,根据需要向后多取 1～2 位安全数字,而多余数字应按照有效数字的舍入规则进行处理。例如,$R = (40.67 \pm 0.5)\Omega$ 用有效数字加 1 位安全数字表示为 $R = 40.7$ Ω,末位的 7 为安全数字;用有效数字加 2 位安全数字表示为 $R = 40.67$ Ω,末尾的 6、7 为安全数字。

2) 有效数字的处理

有效数字的处理包括有效数字位数的取舍及有效数字的舍入规则。

(1) 有效数字的意义

测量过程中,通常要在量程最小刻度的基础上,多估读一位数字作为测量值的最后一位,此估读数字称为欠准数字。欠准数字后的数字是无意义的,不必记入。例如,某电压表 50 V 量程的分辨力为 1 V,如果读出 32.7 V 是恰当的,但不能读成 32.73 V。从第一个非零数字起向右所有的数字称为有效数字。例如,0.043 0 V 的有效数字位数是 3 位而不是 5 位或 2 位,第一个非零数字前的 0 仅表示小数点的位置而不是有效数字。未标明仪器分辨力时,有效数字中非零数字后的 0 不能随意省略,例如,3 000 V 可以写成 3.000 kV、3.000×10³ V,而不能写成 3 kV、3.0 kV 或 3.00 kV。

电子测量中,如果未标明测量误差或分辨力,通常认为有效数字具有不大于欠准数字 ±0.5 单位的误差,称之为 0.5 误差原则。例如,0.430 V、0.43 V 表示的测量误差分别为 ±0.000 5 V、±0.005 V,表明被测量实际值分别处于 0.429 5～0.430 5 V、0.425～0.435 V 之间,因此二者表示的意义是不同的。同样道理,3.000 kV 与 3.000×10³ V 表示的结果相同;而 3 kV、3.0 kV、3.00 kV 表示的结果不相同。

注意:有的场合认为有效数字具有不大于欠准数字 ±1 单位的误差。以后,如无特别说明,均以 0.5 误差原则为准。

(2) 有效数字位数的取舍与运算规则

① 有效数字位数的取舍

为了不丢失被测量实际值,在用有效数字表示测量结果时,如果已知测量绝对误差(或不确定度),要保证有效数字位数取舍后末位的±0.5单位不小于绝对误差(或不确定度),即有效数字位数保留至绝对误差(或不确定度)左边第1个非零数字前1位。例如,某被测电压测量结果为 $U_A = (37.637 \pm 0.022)$ V,用有效数字表示为 $U_A = 37.6$ V。若认为有效数字具有不大于欠准数字的±1单位的误差,在这种情况下,除非绝对误差(或不确定度)刚好等于某1位的±1单位,用有效数字表示时,有效数字末位位数应与该位对齐,例如,$U_A = (37.637 \pm 0.01)$ V 用有效数字表示为 $U_A = 37.64$ V;否则,有效数字位数仍保留至绝对误差(或不确定度)左边第1个非零数字前1位,例如,$U_A = (37.637 \pm 0.011)$ V,用有效数字表示为 $U_A = 37.6$ V。

② 有效数字的运算规则

当需要对测量数据进行运算时,为了不使运算过于麻烦而又能正确反映测量准确度,要对有效数字的位数进行正确的取舍。有效数字运算时,保留的位数原则上取决于各数中精确度最差的那一项。

加法运算时,以小数点后位数最少的为准;若各项无小数点,则以有效数字位数最少者为准,其余各数可多取一位。例如,$10.283\ 8 + 15.03 + 8.695\ 47 \rightarrow 10.28 + 15.03 + 8.70 \approx 34.01$。

减法运算时,当相减两数相差甚远时,运算原则同加法运算;当两数很接近时,有可能造成很大的相对误差,因此首先要尽量避免导致相近两数相减的测量方法。另外,在运算中要多保留几位有效数字。

乘除法运算时,以有效数字位数最少的为准,其余参与运算的数字及结果中的有效数字位数与之相等。例如:$517.43 \times 0.28/4.08 \rightarrow 5.2 \times 10^2 \times 0.28/4.1 \approx 36$。

为了保证必要的精确度,参与乘除法运算的各数及最终运算结果也可以比有效数字位数最少的多保留一位有效数字。例如,上面例子中的 517.43 和 4.08 也可保留至 517 和 4.08,结果则为 35.5。

乘方、开方运算时,运算结果比原数多保留一位有效数字。

例如:$27.8^2 \approx 772.8$,$115^2 \approx 1.322 \times 10^4$,$\sqrt{9.4} \approx 3.07$,$\sqrt{265} \approx 16.28$。

对有效数字中多余数字的舍入应根据有效数字的舍入规则进行。

(3) 有效数字的舍入规则

对有效数字的舍入,舍入前后两个数值的差异称为舍入误差。对有效数字舍入时,应尽量减小舍入误差的影响,其规则如下:

① 删略部分最高位数字大于5时,进1。

② 删略部分最高位数字小于5时,舍去。

③ 删略部分最高位数字等于5时,5后面只要有非零数字时进1;若5后面全为零或无数字时,则采用偶数法则,即5前面为偶数时舍5不进,5前面为奇数时进1。所以用有效

数字表示 $R = (40.67 + 0.5)\Omega$ 时的结果应为 $R = 41\ \Omega$，而不是 $R = 40\ \Omega$。

在实际工作中，经常遇到测量报告值和测量记录值的概念。测量报告值类似于有效数字，要保证不能丢失真实值，有效数字位数的取舍要保证有效数字末位 ± 0.5 个单位不小于绝对误差（或不确定度）。而记录值主要用于备案，它类似于用"有效数字＋安全数字"表示测量结果的方法，要求的位数多，一般将记录值的末位与绝对误差对齐。测量报告值和测量记录值多余数字的舍入要根据有效数字的舍入规则进行。

例 1-3 用一台 0.5 级电压表的 100 V 量程去测量电压，指示值为 85.35 V，试确定有效数字的位数。

解：该表 100 V 量程挡的最大绝对误差为：$\Delta U_{\mathrm{m}} = \pm 0.5\% \times 100\ \mathrm{V} = \pm 0.5\ \mathrm{V}$

可见被测量实际值在 84.85～85.85 V 之间，因为绝对误差为 ± 0.5 V，根据"0.5 误差原则"，测量结果的末位应为个位，即应保留两位有效数字。因此不标注误差时的测量报告值为 85 V。若取其记录值，因误差为 0.5 V，所以其测量记录值为 85.4 V。

1.3.6 测量数据的处理

在实验中，通过各种仪器观察得到的数据和波形是分析实验结果的主要依据。直接观察仪器显示得到的数据称为原始数据，经过分析、计算、综合后用来反映实验结果的数据称为结论数据。原始数据很重要，读取、记录原始数据时，方法和读数应正确。

1） 实验数据的读取

仪器显示的测量结果有指针指示、数字显示和波形显示 3 种类型。使用不同类型的仪器进行测量时，应采用正确的数据读取方法，以减小读数误差。

（1）指针指示式仪器的数据读取

读取指针式指示的仪器数据时，首先要确定表盘刻度线上各分度线所表示的刻度值，然后根据指针所指示的位置进行读数。当指针指在刻度上两条分度线之间时，需要估读一个近似的读数。使用指针指示式仪表时，应根据测量值的大小合理选用量程，以减小误差。

（2）数字显示式仪器的数据读取

数字显示式仪器是靠发光二极管显示屏或液晶显示屏或数码管显示屏来直接显示测量结果。使用数字式显示仪器，可以直接读取数据，有的仪器还可以显示测量单位。使用数字式显示仪器读取的数据比较准确。使用数字显示式仪表时，应根据测量值的大小合理选用量程，尽可能多地显示几位有效数字，以提高测量精度。

（3）波形显示式仪器的数据读取

波形显示式仪器可将被测量的波形直观地显示在荧光屏上，根据波形即可读出被测量的相关数据。波形显示式仪器数据读取的方法如下：首先调整量程旋钮分别确定在 X 轴、Y 轴方向每一坐标格所代表的值，然后根据波形在 X、Y 轴方向所占的格数，最后计算出相关数据。使用波形显示式仪器时，首先应调整好仪器的"亮度"和"聚焦"，使显示出的波形细而清晰，以便准确地读数。

2) **实验数据的记录**

实验数据的正确记录很重要。记录的实验数据都应注明单位,必要时需要记下测量条件。

实验过程中,所测量的结果都是近似值,这些近似值通常用有效数字的形式表示。有效数字是指从数据左边第一个非零数字开始直到右边最后一个数字为止所包含的数字。右边最后一位数字通常是在测量时估读出来,称为欠准数字,其左边的各位有效数字都是准确数字。

记录数据时,应只保留1位欠准数字。欠准数字和准确数字都是有效数字,对测量结果都是不可缺少的。

3) **实验数据的处理**

实验结果可以用数字、表格或曲线来表示。

(1) 有效数字的处理

对于测量或通过计算获得的数据,在规定精度范围外的数字,一般都应按照"四舍五入"的规则进行处理。

当测量结果需要进行中间运算时,其运算应遵循有效数字的运算规则。有效数字的取舍,原则上取决于参与运算的各数中精度最差的那一项。

(2) 表格的绘制

在数字电路实验中,常用真值表来描述组合电路的输出与输入之间的关系,用状态表描述时序电路的输出和次态与输入和现态之间的关系。在实验过程中,应根据测量的数据及已知数据绘制相应的表格,来更加直观地显示两个物理量之间的关系。

(3) 曲线的绘制

在模拟电路实验中,常用曲线来表示输出信号随输入信号连续变化的规律,如放大器的电压增益随信号频率的变化规律。

根据测量数据进行曲线绘制时,需要注意以下几点。

① 合理选择坐标系。最常用的是直角坐标系,自变量用横轴(X 轴)表示,因变量用纵轴(Y 轴)表示。

② 合理选择坐标分度,标明坐标轴的名称和单位。纵轴和横轴的分度不一定取得一样,应根据具体情况适当选择。其原则是既能反映曲线的变化特征便于分析又不至于产生错觉。

③ 合理选择测量点。通常自变量和因变量的最小值与最大值都必须测量出来,在曲线变化剧烈的区域多取几个测量点,在曲线平坦的区域则可以少取几个测量点。

④ 正确拟合曲线。根据各测量点的位置,用直线或适当的曲线将各测量点用平滑的线连接起来。由于测量数据本身存在测量误差,因此在拟合曲线时,并不要求所有的测量点都要在曲线上,但要求曲线比较平滑且尽可能地靠近各测量点,使测量点均匀地分布在曲线的两边。

1.4 常用电子元器件

任何电子电路都是以电子元器件为基础,常用的电子元器件有电阻、电容、电感、半导体器件(二极管、晶体管、场效应管)以及集成电路等。

1.4.1 电阻器

电阻器简称电阻,是阻碍电流的元器件,是一种最基本、最常用的电子元器件。阻值不能改变的称为固定电阻器,阻值可变的称为电位器或可变电阻器。电阻器的电阻值大小一般与温度、材料、长度、横截面积有关,在电路中通常起分压、分流的作用。对信号来说,交流与直流信号都可以通过电阻。

1) 电阻器的分类和图形符号

(1)电阻器的分类

① 按伏安特性分类

按伏安特性分类可分为线性电阻和非线性电阻。线性电阻是指在一定的温度下,其电阻值几乎维持不变而为一定值的电阻;非线性电阻是指电阻值明显地随着电流(或电压)而变化的电阻,其伏安特性是一条曲线。

② 按材料分类

电阻根据材料和结构不同分为许多种类,常见的有线绕电阻、碳膜电阻、金属膜电阻等。

线绕电阻:线绕电阻具有阻值精度高、稳定性好、耐热耐腐蚀、温度系数较低等特点,主要用来做精密大功率电阻使用,其缺点是高频性能差、时间常数大。

碳膜电阻:碳膜电阻具有成本低、性能稳定、阻值范围宽、温度系数和电压系数低等特点,是目前应用最广泛的电阻。

金属膜电阻:金属膜电阻具有精度高、稳定性好、温度系数及噪声小、工作频率范围宽等特点,在仪器仪表及通信设备中应用广泛。

③ 特殊电阻

敏感电阻:敏感电阻是指其电阻值对于某种物理量(如温度、湿度、光照、电压、机械力以及气体浓度等)具有敏感特性,当这些物理量发生变化时,敏感电阻的阻值会随物理量变化而发生改变,呈现不同的电阻值。根据对不同物理量敏感,敏感电阻器分为热敏、湿敏、光敏、压敏、力敏、磁敏和气敏等类型。

熔断电阻:又称为保险电阻。在正常情况下起着电阻和保险丝的双重作用,当电路出现故障而使其功率超过额定功率时,熔断电阻会像保险丝一样熔断使连接电路断开。保险丝电阻一般电阻值都小($0.33\ \Omega \sim 10\ k\Omega$),功率也较小。

(2)电阻器的电路符号和命名

电阻器的电路符号如图 1.4.1 所示。

图 1.4.1 电阻器的电路符号

电阻器的型号命名见表 1.4.1(不适用于敏感电阻)。

表 1.4.1 电阻器的型号命名

第1部分：主称		第2部分：电阻体材料		第3部分：类型		第4部分：序号
字母	含义	字母	含义	符号	产品类型	用数字表示
R W	电阻器 电位器	T	碳膜	1,2	普通	包括： 额定功率 标称阻值 允许误差 精度等级
		P	硼碳膜	3	超高频	
		U	硅碳膜	4	高阻	
		C	化学沉积膜	5	高温	
		H	合成膜	7	精密	
		S	有机实芯	8	电阻器：高压 电位器：特殊函数	
		N	无机实芯			
		J	金属膜（箔）	9	特殊	
		Y	金属氧化膜	G	高功率	
		I	玻璃釉膜	W	微调	
		X	线绕	T	可调	
		R	热敏	D	多圈	
		G	光敏	X	小型	
		M	压敏	L	测量用	

常用电阻器的外形如图 1.4.2 所示。

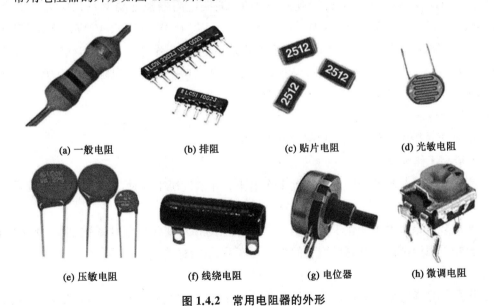

(a) 一般电阻　　(b) 排阻　　(c) 贴片电阻　　(d) 光敏电阻

(e) 压敏电阻　　(f) 线绕电阻　　(g) 电位器　　(h) 微调电阻

图 1.4.2 常用电阻器的外形

2) 电阻器的性能参数

电阻器的主要技术参数有标称电阻值(简称阻值)、允许偏差、额定功率、额定环境温度、最大工作电压、噪声及稳定性等 10 多项,其主要参数为前 3 项。

(1) 标称阻值

标称阻值是指标注在电阻器外表面上的阻值。基本单位为欧姆(Ω),常用单位还有千欧($k\Omega$)和兆欧($M\Omega$),三者之间的换算关系式为:$1 M\Omega = 1\ 000\ k\Omega = 10^6 \Omega$。

(2) 允许偏差

标称阻值与实际阻值的差值与标称阻值之比的百分数称为阻值偏差,它表示电阻器的精度。允许偏差指由于制造工艺等方面原因,电阻器实际阻值与标称阻值之间偏差的允许范围。一般电阻器的允许偏差越小,则阻值精度越高,稳定性越好,但成本也越高。允许偏差与精度等级的对应关系如下:$\pm 0.5\%$—0.05、$\pm 1\%$—0.1(或 00)、$\pm 2\%$—0.2(或 0)、$\pm 5\%$—Ⅰ级、$\pm 10\%$—Ⅱ级、$\pm 20\%$—Ⅲ级。阻值允许偏差应根据电路或整个系统的实际要求选用。例如,一般电子电路可选用普通型电阻,其允许偏差一般为$\pm 5\%$、$\pm 10\%$、$\pm 20\%$;对于一些精密仪器的电子电路则需要选用高精度的电阻,其允许偏差一般为$\pm 1\%$、$\pm 0.5\%$。

(3) 额定功率

额定功率指电阻器在正常大气压强 86.7~106.7 kPa 和规定温度(按产品标准不同而不同,一般在 $-55\sim125$ ℃)下,长期连续正常工作时所能承受的最大耗散功率。如果电阻实际的耗散功率大于其额定功率,就会因过热而被损坏,因此选用电阻额定功率时要留有一定余量,通常应比实际消耗功率大 $50\%\sim150\%$。但余量也不能过大,因为电阻器的额定功率越大,其体积就越大,不便于安装,而且还易受外界干扰信号影响。

电阻器的额定功率取值有标准化的系列值,线绕电阻器额定功率系列值为 0.05 W、0.125 W、0.25 W、0.5 W、1 W、2 W、4 W、8 W、10 W、16 W、25 W、40 W、50 W、75 W、100 W、150 W、250 W、500 W;非线绕电阻器额定功率系列值为 0.05 W、0.125 W、0.25 W、0.5 W、1 W、2 W、5 W、10 W、25 W、50 W、100 W;片状电阻器额定功率系列值为 0.05 W、0.1 W、0.125 W、0.25 W、0.5 W、1 W、2 W。

(4) 额定电压

额定电压是指由阻值和额定功率换算出的电压。

(5) 最高工作电压

最高工作电压是指允许的最大连续工作电压。在低气压工作时,最高工作电压较低。

(6) 温度系数

温度系数是指温度每变化 1 ℃所引起的电阻值的相对变化。温度系数越小,则阻值的稳定性越好。阻值随温度升高而增大的为正温度系数,反之为负温度系数。

(7) 老化系数

老化系数是指电阻器在额定功率长期负荷下,阻值相对变化的百分数,它是表示电阻器寿命长短的参数。

(8) 电压系数

电压系数是指在规定的电压范围内,电压每变化 1 V,阻值的相对变化量。

（9）噪声

噪声是指产生于电阻器中的一种不规则的电压起伏,包括热噪声和电流噪声两个部分。噪声是由于导体内部不规则的电子自由运动,使导体任意两点的电压不规则变化。

3) 电阻器阻值识别

（1）直标法

电阻的阻值通过数字或字母数字混合的形式在电阻体上进行标注。如 223,其中 22 表示有效数值,3 表示有效数值后零的个数。因此 223 所代表的阻值为 22 kΩ;再如,1R5 表示 1.5 Ω,R1 表示 0.1 Ω。

（2）文字符号法

用阿拉伯数字和文字符号两者有规律的组合来表示标称阻值,其允许偏差也用文字符号表示。符号前面的数字表示整数阻值,后面的数字依次表示第 1 位小数阻值和第 2 位小数阻值。

表示允许偏差的文字符号有：D、F、G、J、K、M。对应允许偏差分别为：±0.5%、±1%、±2%、±5%、±10%、±20%。

（3）数码法

在电阻器上用 3 位数码表示标称值。数码从左到右,第 1 位、第 2 位为有效值,第 3 位为指数,即零的个数,单位为 Ω。偏差通常采用文字符号表示。

（4）色环标注法

用不同颜色的环或点在电阻器表面标出标称阻值和允许偏差。国外电阻器大部分采用色环标注法。

色环标注法通常分为 2 位有效数字色标法和 3 位有效数字色标法。2 位有效数字色标法多用于普通电阻,电阻上共有 4 条色环,前 3 条表示阻值,末尾 1 条表示允许偏差,具体识别方法如图 1.4.3(a)所示。3 位有效数字色标法多用于精密电阻,电阻上共有 5 条色环,前 4 条表示阻值,最后 1 条表示允许偏差,其色环标注示意图与 2 位有效数字色标法类似,只是多了 1 条标称值有效数字色环[图 1.4.3(b)]。四色环电阻和五色环电阻的表示规则分别见表 1.4.2 和表 1.4.3。例如：若一个色标法普通电阻的色环依次为红、黑、棕、银,则其标称阻值和允许偏差应分别为 200 Ω 和 ±10%;若一个色标法精密电阻的色环依次为黄、紫、黑、棕、红,则其标称阻值和允许偏差应分别为 4.7 kΩ 和 ±2%。

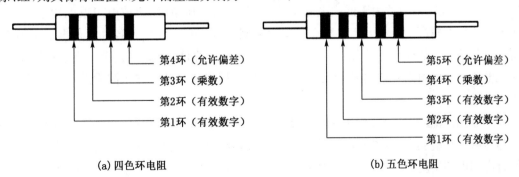

(a) 四色环电阻   (b) 五色环电阻

图 1.4.3 色环电阻识别示意图

表 1.4.2 四色环电阻表示规则

颜色	银	金	黑	棕	红	橙	黄	绿	蓝	紫	灰	白
第一位有效数字			0	1	2	3	4	5	6	7	8	9
第二位有效数字			0	1	2	3	4	5	6	7	8	9
第三位倍乘	10^{-2}	10^{-1}	10^0	10^1	10^2	10^3	10^4	10^5	10^6	10^7	10^8	10^9
第四位误差/%	±20	±10	±5									

表 1.4.3 五色环电阻表示规则

颜色	银	金	黑	棕	红	橙	黄	绿	蓝	紫	灰	白
第一位有效数字				1	2	3	4	5	6	7	8	9
第二位有效数字			0	1	2	3	4	5	6	7	8	9
第三位有效数字			0	1	2	3	4	5	6	7	8	9
第四位倍乘	10^{-2}	10^{-1}	10^0	10^1	10^2	10^3	10^4	10^5	10^6	10^7	10^8	10^9
第五位误差/%	±20	±10	±5	±1	±2			±0.5	±0.25	±0.1	±0.05	

4) 电阻器的选用

(1) 固定电阻器的应用

① 分压。利用串联电阻的分压特性得到所需的电压。

② 分流。利用并联电阻的分流特性得到所需的电流。

③ 限流。如发光二极管、稳压二极管通常需要串联一个电阻进行限流。

④ 上拉、下拉电阻。数字电路及单片机电路中,很多引脚需要使用上拉、下拉电阻来将不确定的信号钳位在高、低电平,同时起到限流的作用。

⑤ 负载。利用电阻的耗能特性作为电路的负载。

(2) 电阻器的选择

正确选择和使用电子元器件是提高电子整机技术性、稳定性、可靠性、安全性的重要条件。选用电阻器时应注意以下几个问题。

① 高频电路应选用分布电感和分布电容小的非线绕电阻,例如金属膜电阻器、碳膜电阻器和线绕电阻器,而不能使用噪声较大的合成碳膜电阻器和有机实心电阻器。

② 普通线绕电阻常用于低频电路中做限流电阻、分压电阻、泄放电阻或大功率管的偏压电阻。精度较高的线绕电阻多用于固定衰减器、电阻箱、计算机及各种精密电子仪器中。所选电阻的电阻值应接近应用电路中计算值的一个标称值,应优先选用标准系列的电阻。一般电路使用的电阻允许误差为±5%～±10%。精密仪器及特殊电路中使用的电阻应选用精密电阻。

③ 根据电阻在实际工作电路中承受的负载功耗来选择电阻的额定功耗。注意环境温度超出额定环境温度时,参照电阻功率降额曲线,降低使用负载功耗,且电阻的额定功率要符合应用电路中对电阻功率容量的要求,一般不应随意加大或减小电阻的功率,若电路要求选用功率型电阻,则其额定功率可高于实际应用电路要求功率的1～2倍。

④ 根据工作电路的需要选择电阻的精度和标称阻值,标称阻值的选定最好能符合标称阻值系列中的数值。

⑤ 选择电阻时要注意其元件的极限电压是否满足要求,以免出现元件极限电压的限制而发生击穿。

5) 电阻器的测量与质量判别

电阻器质量的好坏比较容易鉴别,其常见故障有两种:一种是阻值变化,实际阻值远大于标称阻值,甚至变为无穷大,这说明此电阻器断路了;另一种是电阻器内部或引出端接触不良,导致电路工作性能下降,不稳定。出现上述故障通常换上一只等阻值、等功率的新的电阻器即可,也可用几个阻值较小的电阻器串联来替换一个大阻值电阻器,或用几个阻值较大的电阻器并联来替换一个小阻值电阻器。

测量电阻器阻值的方法很多,可用机械式或数字式万用表欧姆挡进行直接测量(当测量精度要求较高时,可采用电阻电桥来测量,电阻电桥有单臂电桥——惠斯通电桥和双臂电桥——开尔文电桥),也可根据欧姆定律 $R = U/I$,通过测量流过电阻器的电流 I 和电阻器上的压降 U 来间接测量阻值。

在用万用表欧姆挡测量阻值时,将红、黑两表笔(不分正负)分别与电阻器的两端引脚相接,即可测出实际阻值。为了提高测量精度,应根据被测电阻器标称值的大小来选择量程。对于机械式万用表,由于其欧姆挡刻度的非线性,刻度盘的中间一段分度较为精细,因此应使其指针指示值尽可能落到刻度盘的中段位置,即全刻度起始的 $20\%\sim80\%$ 弧度范围内,以使测量更准确。根据电阻器误差等级不同,读数与标称阻值之间分别允许有 $\pm5\%$、$\pm10\%$ 或 $\pm20\%$ 的误差。如不相符,超出误差范围,则说明该阻值变值了。

鉴别电阻器质量时应注意以下事项:

(1) 在测试电路中电阻器的阻值时,应将被检测的电阻器从电路中焊下来,至少要焊开一端,以免电路中的其他元件对测试产生影响,造成测量误差。

(2) 在测试高阻值电阻器,特别是在测试几十千欧以上阻值的电阻器时,手不要触及表笔和电阻器的导电部分。

(3) 对于特殊电阻器的测量,要结合其具体的特性进行测量。

1.4.2 电位器

电位器属于可变电阻器,其阻值是可调整、可变化的。它一般有 3 个引出端(特殊型如双连同轴电位器有 6 个引出端):中间的引出端称为滑动端(也称为活动端、中心头或电刷),两端的引出端称为固定端。当电位器在电路中用作电位调节时,通常 3 端独立使用;当电位器在电路中作为可变电阻器时,则中间的滑动端要和其中的一个固定端合并使用。

1) 电位器的分类和图形符号

(1) 电位器的分类

电位器可按电阻体的材料分类,如线绕、合成碳膜、金属玻璃釉、有机实芯和导电塑料等类型,电性能主要决定于所用的材料。此外还有用金属箔、金属膜和金属氧化膜制成电阻体的电位器,具有特殊用途。电位器按使用特点分类,有通用、高精度、高分辨力、高阻、高温、高频、大功率等电位器;按阻值调节方式分类则有可调型、半可调型和微调型,后二者又称半固定电位器。为克服电刷在电阻体上移动接触对电位器性能和寿命带来的不利影响,又有无触点非接触式电位器,如光敏和磁敏电位器等。常用的电位器有如下几种。

① 合成碳膜电位器

合成碳膜电位器的电阻体是用碳膜、石墨、石英粉和有机粉合剂等配成一种悬浮液,涂在玻璃釉纤维板或胶纸上制作而成的,如图 1.4.4(a)所示。其制作工艺简单,是目前应用最广泛的电位器。合成碳膜电位器的优点是阻值范围宽,分辨力高,并且能制成各种类型的电位器,寿命长,价格低,型号多。其缺点为功率不太高,耐高温性差,耐湿性差,且阻值低的电位器不容易制作。

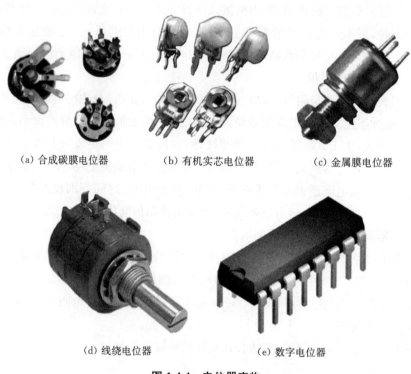

(a) 合成碳膜电位器　　　　(b) 有机实芯电位器　　　　(c) 金属膜电位器

(d) 线绕电位器　　　　(e) 数字电位器

图 1.4.4　电位器实物

② 有机实芯电位器

有机实芯电位器是一种新型电位器,它是用加热塑压的方法将有机电阻粉压在绝缘体的凹槽内,如图 1.4.4(b)所示。有机实芯电位器与合成碳膜电位器相比,具有耐热性好、功率大、可靠性高、耐磨性好等优点。但其温度系数大,动噪声大,耐湿性能差,且制造工艺复杂,阻值精度较差。这种电位器常在小型化、高可靠、高耐磨性的电子设备以及交、直流电路中用于调节电压、电流。

③ 金属膜电位器

金属膜电位器是由金属合成膜、金属氧化膜、金属合金膜和氧化钽膜等几种材料经过真空技术沉积在陶瓷基体上制作而成的,如图 1.4.4(c)所示。其优点是耐热性好,分布电感和分布电容小,噪声电动势很低。其缺点是耐磨性不好,阻值范围小(10 Ω～100 kΩ)。

④ 线绕电位器

线绕电位器是将康铜丝或镍铬合金丝作为电阻体,并把它绕在绝缘骨架上制成的,如图 1.4.4(d)所示。线绕电位器的优点是接触电阻小,精度高,温度系数小。其缺点是分辨力差,阻值偏低,高频特性差。它主要用作分压器、变压器、仪器中调零和调整工作点等。

⑤ 数字电位器

数字电位器取消了活动件,是一个半导体集成电路,如图 1.4.4(e)所示。其优点为调节精度高,没有噪声,有极长的工作寿命,无机械磨损,数据可读/写,具有配置寄存器和数据寄存器,以及多电平量存储功能,易于用软件控制,且体积小,易于装配。它适用于家庭影院系统、音频环绕控制、音响功放和有线电视设备等。

(2) 电位器的图形符号

电位器的图形符号如图 1.4.5 所示。

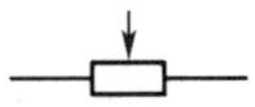

图 1.4.5　电位器的图形符号

2) 电位器的主要技术参数

(1) 阻值的最大值和最小值

电位器阻值的最大值通常在其外壳上标注出,也可用万用表欧姆挡直接测量电位器的两固定端,测量误差应在±5%以内;电位器的阻值最小值理论上应为 0,而实际上不一定为 0,但应越小越好。

(2) 额定功率

额定功率是指电位器上 2 个固定端允许耗散的最大功率。线绕电位器额定功率系列值为 0.25 W、0.5 W、1 W、2 W、3 W、5 W、10 W、16 W、25 W、40 W、63 W、100 W;非线绕电位器额定功率系列值为 0.025 W、0.05 W、0.1 W、0.25 W、0.5 W、1 W、2 W、3 W 等。

(3) 滑动噪声

当电刷在电阻体上滑动时,电位器滑动端与固定端的电压出现无规则的起伏现象,称为电位器的滑动噪声。这是由电阻体电阻率分布不均匀性和电刷滑动时接触电阻体的无规则变化导致的。

(4) 分辨力和机械零位电阻

电位器对输出量可实现的最精细的调节能力称为分辨力。非线绕电位器的分辨力比线绕电位器高。理论上,电位器的滑动端与固定端可调出零电阻状态,但实际上由于受接触电阻和引出端的影响,一般不能调到零电阻状态。调到的最小电阻值称为机械零位电阻。

(5) 阻值的变化规律

常见电位器的阻值变化规律大致分为 3 种类型:直线型(X 型)、指数型(Z 型)和对数型

（D 型）。此外，对应特殊的需要还有按其他函数规律变化的类型，例如：正弦型、余弦型等。

（6）启动力矩和转动力矩

启动力矩是指转轴在旋转角范围内启动时所需的最小力矩；转动力矩是指维持转轴以某一速度均匀旋转时所需的力矩。两者差值越小越好。在自动控制装置中与伺服电机配合使用的电位器要求转动力矩小，转动灵活；而用作调节功能的电位器则需要有一定的力矩。

3） 电位器的质量检测

可使用普通万用表对电位器性能进行测试，主要包括阻值、阻值变化、开关性能三项。

（1）测量标称阻值

将万用表两支表笔分别接触电位器两个固定端，表针指示阻值应与电位器标称阻值相符，误差不应超出其允许偏差。

（2）测量阻值变化情况

将万用表一支表笔与电位器的滑动端接触，另一支表笔与电位器两个固定端中的任一个相接，然后缓慢均匀转动电位器旋柄，从一个极端位置转至另一个极端位置，万用表的指针应从 0 连续变化至其标称阻值，或由标称阻值连续变化至 0。在此过程中，表针不应出现任何跳动现象。测量完滑动触头与此固定端子间的阻值变化情况后，保持滑动触头所接表笔位置不变。再将另一支表笔换接另一个固定端子，重复上一测量过程。

（3）带开关电位器性能测量

旋动或推拉电位器转轴，随着开关的断开与接通，应有良好的手感，同时可听到开关触点弹动发出的响声。当开关接通时，用万用表 $R \times 1$ 挡测量，阻值应为 0；当开关断开时，用万用表 $R \times 1k$ 挡测量，阻值应为 ∞。若开关为双联型，则 2 个开关都应符合此性能。

1.4.3 电容器

电容器简称电容，是一种容纳电荷的储能元件，用字母 C 表示。电容器在电路中多用来滤波、隔直流、耦合交流、旁路交流及与电感元件构成振荡电路等，也是电路中应用较多的元件之一。

1） 电容器的分类和图形符号

（1）电容器的分类

电容器按容量不同可分为固定电容器和可变电容器，最常用的是固定电容器。固定电容器又可分为无极性电容器和有极性电容器。无极性电容器按材料分为瓷介电容、纸介电容、涤纶电容、云母电容、聚苯乙烯电容等；有极性电容器分为铝电解电容、钽电解电容、铌电解电容等。下面介绍几种常用的电容器。

① 瓷介电容

用陶瓷材料做介质，在陶瓷表面涂覆一层金属（银）薄膜，再经高温烧结后作为电极而成。瓷介电容又分 1 类电介质（NP-O、CCG）、2 类电介质（X7R、2X1）和 3 类电介质（Y5V、2F4）。

② 涤纶电容

涤纶电容是用有极性聚酯薄膜为介质制成的具有正温度系数(即温度升高时,电容量变大)的无极性电容。涤纶电容具有耐高温、耐高压、耐潮湿、价格低等优点,一般应用于中、低频电路中,常用的型号有 CL11、CL21 等系列。

③ 聚苯乙烯电容

聚苯乙烯电容有箔式和金属化式两种类型。箔式聚苯乙烯电容具有绝缘电阻大、介质损耗小、容量稳定、精度高等特点,但其体积大、耐热性较差;金属化式聚苯乙烯电容具有防潮性和稳定性好,且击穿后能自愈等特点,但其绝缘电阻偏低、高频特性较差。

④ 云母电容

云母电容采用云母作为介质,在云母表面喷一层金属膜(银)作为电极板,将极板和云母一层一层叠合后,再压铸在胶木粉或固封在环氧树脂中制成。云母电容具有稳定性好、分布电感小、精度高、损耗小、绝缘电阻大、温度特性及频率特性好、工作电压范围宽(50 V～7 kV)等优点。

⑤ 纸介电容

纸介电容是用较薄的电容器专用纸作为介质,用铝箔或铅箔作为电极,经卷绕成形、浸渍后封装而成。纸介电容具有电容量大(100 pF～100 μF)、工作电压范围宽,最高耐压值可达6.3 kV 等优点。其缺点是体积大、容量精度低、损耗大、稳定性较差。

⑥ 金属化纸介电容

金属化纸介电容采用真空蒸发技术,是在涂有漆膜的纸上再蒸镀一层金属膜作为电极而成。与普通纸介电容相比,它具有体积小、容量大、击穿后能自愈等优点,常见的有 CJ10、CJ11 等系列。

⑦ 铝电解电容

铝电解电容是将附有氧化膜的铝箔(正极)和浸有电解液的衬垫纸,与阴极(负极)箔叠片后一起卷绕而成。外形封装有管式和立式,并在铝壳外包有蓝色或黑色塑料套。铝电解电容的容量范围大(一般为 1～10 000 μF),额定工作电压范围也大(一般为 6.3～450 V)。但其介质损耗和容量误差大(最大允许偏差＋100％～－20％)、耐高温性较差、存放时间长容易失效。它通常在直流电源电路或中、低频电路中起滤波、退耦、信号耦合及时间常数设定、隔直流等作用。需要注意的是它在直流电源中作滤波电容使用时极性不能接反。

(2) 电容器的图形符号

电容器的图形符号如图 1.4.6 所示。

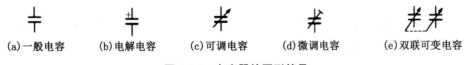

(a)一般电容　　(b)电解电容　　(c)可调电容　　(d)微调电容　　(e)双联可变电容

图 1.4.6　电容器的图形符号

(3) 常见电容器的外形

常见电容器的外形如图 1.4.7 所示。

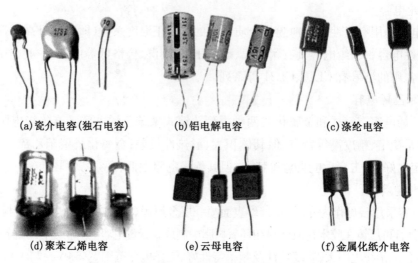

(a) 瓷介电容(独石电容)　　　(b) 铝电解电容　　　(c) 涤纶电容

(d) 聚苯乙烯电容　　　(e) 云母电容　　　(f) 金属化纸介电容

图 1.4.7　常见电容器的外形

2)　电容器的标注方法

① 直标法：用字母和数字将型号、规格直接标在外壳上。

② 文字符号法：用数字、文字符号有规律的组合来表示其容量。文字符号表示其电容量的单位：pF、nF、μF、mF、F 等,和电阻的表示方法相同。标称允许偏差也和电阻的表示方法相同,小于 10 pF 的电容,其允许偏差用字母代替：B($\pm$0.1 pF),C($\pm$0.2 pF),D($\pm$0.5 pF),F($\pm$1 pF)。

③ 色标法：和电阻的表示方法相同,单位一般为 pF。小型电解电容的耐压也有用色标法的,位置靠近正极引出线的根部。黑、棕、红、橙、黄、绿、蓝、紫、灰 9 种颜色分别代表耐压值为 4 V、6.3 V、10 V、16 V、25 V、32 V、40 V、50 V、63 V。

④ 数学计数法：数学计数法和电阻的表示方法类似,这种方法所表示的单位为"pF",如标值为 223 的电容器,其容量为 0.022 μF,计算方法为 22×10^3 pF＝0.022 μF。

3)　电容器的主要参数

(1) 标称容量和允许偏差

电容器的容量单位为法,用 F 表示。由于法的单位很大,常用毫法(mF)、微法(μF)、纳法(nF)和皮法(pF)作单位,其换算关系是：

$$1 \text{ F}=10^3 \text{ mF}=10^6 \text{ }\mu\text{F}=10^9 \text{ nF}=10^{12} \text{ pF}$$

电容器的容量偏差分别用 D($\pm$0.5%)、F($\pm$1%)、G($\pm$2%)、K($\pm$10%)、M($\pm$20%)和 N($\pm$30%)表示。

(2) 耐压

耐压是电容器的主要参数,表示电容器在电路中能够长期、稳定、可靠工作所承受的最高直流电压,一般直接标注在电容器的外壳上,但体积很小的小容量电容不标注耐压值。如果工作电压超过电容器的耐压,电容器将被击穿,造成不可修复的永久损坏。

无极性电容的耐压值有：63 V、100 V、160 V、250 V、400 V、600 V、1 000 V 等。

有极性电容的耐压值有：4 V、6.3 V、10 V、16 V、25 V、35 V、50 V、63 V、80 V、100 V、220 V、400 V 等,与无极性电容相比,其耐压值要低。

(3) 绝缘电阻

电容的绝缘电阻又称漏电阻,是指电容器两极之间的电阻。绝缘电阻的大小决定于电容器介质性能的好坏,绝缘电阻越大越好。

(4) 温度系数

温度系数是指电容在一定温度范围内,温度每变化 1 ℃,电容量的相对变化值,温度系数越小越好。

(5) 损耗

电容的损耗是指在电场的作用下,电容在单位时间内发热而消耗的能量。这些损耗主要来自介质损耗和金属损耗。通常用损耗角正切值来表示,即在电容器的等效电路中,串联等效电阻 ESR 同容抗 X_C 之比称之为 δ_{tan},这里的 ESR 是在 120 Hz 下计算获得的值。显然,δ_{tan} 随着测量频率的增加而变大,随测量温度的下降而增大。

(6) 频率特性

电容的频率特性是指电容器的电参数随电场频率而变化的性质。在高频条件下工作的电容器由于介电常数在高频时比低频时小,电容量也相应减小,损耗也随频率的升高而增加。另外,在高频工作时,电容器的分布参数,如极片电阻、引线和极片间的电阻、极片的自身电感、引线电感等,都会影响电容器的性能。所有这些,使得电容器的使用频率受到限制。

4) 电容器的选用

(1) 选择合适的型号

电容器一般在电路中用于低频耦合、旁路去耦等,电气性能要求不严格时可以采用纸介电容、电解电容等。低频放大器的耦合电容,选用 $1\sim22~\mu F$ 的电解电容;旁路电容根据电路工作频率来选,如在低频电路中,发射极旁路电容选用电解电容,容量为 $10\sim220~\mu F$;在中频电路中可选用 $0.01\sim0.1~\mu F$ 的纸介、金属化纸介、有机薄膜电容等;在高频电路中,则应选用云母电容和瓷介电容;在电源滤波和退耦电路中,可选用电解电容,因为在这些场合中对电容的要求不高,只要体积允许、容量足够就可以。

(2) 合理选择电容器的精度

在旁路、退耦、低频耦合电路中,一般对电容的精度没有很严格的要求,选用时可根据设计值,选用相近容量或容量略大些的电容器。但在另一些电路中,如振荡回路、延时回路、音调控制电路中,电容的容量就应尽可能和计算值一致。在各种滤波器和各种网络中,对电容量的精度有更高要求,应选用高精度的电容器来满足电路的要求。

(3) 确定电容器的额定工作电压

电容器的额定工作电压应高于实际工作电压,并留有足够余量,以防因电压波动而导致损坏。一般而言,应使工作电压低于其额定工作电压的 $10\%\sim20\%$。在某些电路中,电压波动幅度较大,可留有更大的余量。电容的额定工作电压通常是指在直流状态下的值。如果直流中含有脉动成分,该脉动直流的最大值应不超过额定值;如果工作于交流状态下,此交流电压的最大值应不超过额定值。

有极性的电容不能用于交流电源电路,电解电容的耐温性能很差,如果工作电压超过允许值,介质损耗将增大,很容易导致温升过高,最终导致损坏。一般来说,电容器工作时只允许出现较低温升,否则属于不正常现象。因此,在设备安装时,应尽量远离发热元件(如大功率管、变压器等)。如果工作环境温度较高,那么应降低工作电压再使用。

一般小容量的电容介质损耗很小,耐温性和稳定性都比较好,但电路对它们的要求往往也比较高,因此选择额定工作电压时仍应留有一定的余量,也要注意环境工作温度的影响。

(4)尽量选用绝缘电阻大的电容

绝缘电阻越小的电容,其漏电流就越大,漏电流不仅损耗了电路中的电能,重要的是它会导致电路工作失常或降低电路的性能。漏电流产生的功率损耗会使电容发热,而其温度升高,又会产生更大的漏电流,如此循环,极易损坏电容。因此在选用电容时,应选择绝缘电阻足够高的,特别是高温和高压条件下使用的电容更是如此。另外,若用于电桥电路中的桥臂、运算元件等场合,绝缘电阻的高低将影响测量、运算等的精度,必须采用高绝缘电阻值的电容。电容的损耗在许多场合也直接影响到电路的性能,在滤波器、中频回路、振荡回路等电路中,要求损耗尽可能小,这样可以提高回路的品质因数,改善电路的性能。

(5)考虑温度系数和频率特性

电容的温度系数越大,其容量随温度的变化越大,这在很多电路中是不允许的。例如振荡电路中的振荡回路元件、移相网络元件、滤波器等,温度系数大,会使电路产生漂移,造成电路工作的不稳定。这些场合应选用温度系数小的电容,以确保其能稳定工作。

另外在高频条件下工作时,由于电容自身电感、引线电感和高频损耗的影响,电容的性能会变差。频率特性差的电容不仅不能发挥其应有的作用,还会带来许多麻烦。例如,纸介电容的分布电感会使高频放大器产生超高频寄生反馈,使电路不能工作。所以选用高频电路中的电容时,一要注意电容的频率参数;二是在使用中要注意电容的引线不能留得过长,以减少引线电感对电路的不良影响。

(6)注意使用环境

使用环境的好坏,会直接影响电容的性能和寿命。在工作温度较高的环境中,电容易产生漏电并加速老化,因此在设计和安装时,应尽可能使用温度系数小的电容,并远离热源和改善机内通风散热,必要时,应强迫风冷。在寒冷条件下,由于气温很低,普通电解电容会因电解液结冰而失效,使得设备工作失常,因此必须使用耐寒的电解电容。在多风沙条件下或在湿度较大的环境下工作时,则应选用密封型电容器,以提高设备的防尘抗潮性能。

5) 电容器的检测

(1)固定电容器的检测

① 检测 0.01 μF 以下的小电容

容量小于 0.01 μF 的电容,可选用万用表 $R \times 10 \text{ k}$ 挡,用两表笔分别任意接电容的两个引脚,由于充电电流极小,仔细观察才能看见表针略微抖动,几乎看不出表针向右偏转,因此只能检测其是否短路。

② 检测 0.01~1 μF 的电容

0.01~1 μF 的固定电容,可用万用表的 $R \times 10$ k 挡直接测试电容有无充电过程以及有无内部短路或漏电,并可根据指针向右摆动的幅度大小估计出电容的容量。

③ 检测 1 μF 以上的电容

应针对不同容量选用合适的量程。一般情况下,1~100 μF 间的电容,可用 $R \times 1$ k 挡测量,大于 100 μF 的电容可用 $R \times 100$ k 挡测量。将万用表两表笔分别与电容器的两引线连接,在刚接触的瞬间,指针即向右偏转,接着逐渐向左返回,交换两表笔后,表针应重复上述过程。电容量越大,表针向右偏转就越大,向左返回就越慢。向左返回停在某一位置,此时的阻值便是电容的漏电阻,漏电阻一般应在几百千欧以上,否则,说明该电容的绝缘电阻太小,漏电流较大,将不能正常工作。

在测试中,若正向、反向均无充电的现象,即表针不动,则说明容量消失或内部断路;如果所测阻值很小或为零,说明电容漏电很大或已击穿损坏,不能再使用。

④测量正、负极标志不明的电解电容器

可利用上述测量漏电阻的方法加以判别。即先任意测一下漏电阻,记住其大小,然后交换表笔再测出一个阻值。两次测量中阻值大的一次黑表笔接的是正极,红表笔接的是负极。

(2) 可变电容器的检测

将万用表置于 $R \times 1$ k 挡或 $R \times 10$ k 挡,将两个表笔分别接可变电容动片和定片的引出端,然后来回旋转可变电容的转轴,万用表指针都应在无穷大位置不动。在旋动转轴的过程中,如果指针有时指向零,说明动片和定片之间存在短路点;如果指针停到某一位置,万用表读数不为无穷大而是出现一定阻值,说明可变电容的动片与定片之间存在漏电现象。

1.4.4 电感器

凡能产生电感作用的器件统称为电感器。电感器通常分为两大类:一类是应用自感作用的电感线圈;另一类是应用互感作用的变压器。电感器和变压器都是利用电磁感应原理制成的器件。电感器用 L 来表示,具有"通直流阻交流"的特性。电感器在电路中主要起滤波、振荡、延迟、陷波等作用,还有筛选信号、过滤噪声、稳定电流及抑制电磁波干扰等作用。变压器一般用 T 来表示,可以传递交流信号,并实现电压的升、降。

1) 电感器的分类

按电感形式分为:固定电感、可变电感;按导磁体性质分为空芯线圈、磁芯线圈、铁芯线圈、铜芯线圈;按工作性质分为天线线圈、振荡线圈、扼流线圈、陷波线圈、偏转线圈;按绕线结构分为单层线圈、多层线圈、蜂房式线圈。

(1) 空芯电感器

空芯电感器是用导线绕制在纸筒、塑料筒上组成的线圈或脱胎而成的线圈,中间没有磁芯或铁芯,故电感量很小,通过增减匝数或调节匝距来调节电感量,一般用在高频电路中。

（2）磁芯电感器

磁芯电感器是用导线在磁芯上绕制成线圈或在空芯线圈中插入磁芯组成的线圈,通过调节磁芯在线圈中的位置来调节电感量。磁芯电感器常应用于工作频率较高的电路中。

（3）铁芯电感器

在空芯电感器中插入硅钢片组成铁芯电感器,其电感量大,一般为数亨,常被称为低频扼流圈。其作用是阻止残余交流电通过,而让直流电通过。铁芯电感器常用于音频或电源滤波等工作频率较低的电路中,如扩音机电源电路。

（4）色码电感器

色码电感器是用漆包线绕制在磁芯上,再用环氧树脂封装起来,外壳标以色环(单位 μH)或直接由数字标明电感量。色码电感器一般工作频率 19～200 kHz,电感范围 0.1～33 000 μH,额定工作电流 0.05～1.6 A。色码电感器主要用在滤波、振荡、陷波和延迟电路中。高频小型电感器采用镍锌铁氧体材料磁芯,低频小型电感器采用锰镍铁氧体材料磁芯。

2） 电感器的图形符号

电感器的图形符号如图 1.4.8 所示。

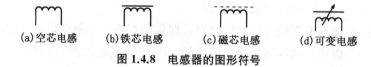

(a)空芯电感   (b)铁芯电感   (c)磁芯电感   (d)可变电感

图 1.4.8 电感器的图形符号

3） 常见电感器的外形

常见电感器外形如图 1.4.9 所示。

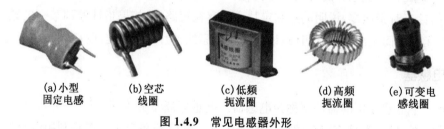

(a)小型   (b)空芯   (c)低频   (d)高频   (e)可变电
固定电感   线圈   扼流圈   扼流圈   感线圈

图 1.4.9 常见电感器外形

4） 电感器的主要性能指标

电感器的主要技术参数有电感量及允许误差、额定电流、品质因数（Q 值）、分布电容等。

（1）电感量

电感量也称自感系数,它反映电感储存磁场能的本领,其大小与电感线圈的匝数、绕制方式、有无磁芯(铁芯)、磁芯的磁导率等有关。在同等条件下,匝数越多电感量越大,线圈直径越大电感量越大,有磁芯比没磁芯电感量大。用于高频电路的电感量相对较小,用于低频电路的电感量相对较大。电感量的单位为亨(H),常用的单位还有毫亨(mH)、微亨(μH)。其换算关系是:

$$1\ \text{H} = 10^3\ \text{mH} = 10^6\ \mu\text{H}$$

（2）允许误差

允许误差是指电感量实际值与标称值之差除以标称值所得的百分数。一般用于振荡或滤波等电路中的电感器要求精度较高,允许误差通常为$\pm0.2\%\sim\pm0.5\%$;用于耦合、高频扼流等线圈的电路中,则精度要求不高,允许误差一般为$\pm10\%\sim\pm15\%$。

（3）额定电流

额定电流是指电感器正常工作所允许通过的最大电流,其大小与绕制线圈的线径粗细有关。常以字母 A、B、C、D、E 来分别表示标称电流值 50 mA、150 mA、300 mA、700 mA、1 600 mA,应用时实际通过电感器的电流不宜超过额定电流值。

（4）品质因数

品质因数也称为 Q 值,是指电感器在某一频率的交流电压下工作时,所呈现的感抗与其等效损耗电阻的比值。Q 值越高,电路的损耗越小,效率越高。Q 值与导线的直流电阻,骨架的介质损耗,屏蔽罩或铁芯引起的损耗,高频趋肤效应的影响等因素有关。在调谐回路中,要求 Q 值较高,以减小与线圈回路的损耗;在滤波回路中,Q 值不宜过高,以免使其与滤波电容构成谐振回路,对电路产生影响,对于高频扼流圈和低频扼流圈不做要求。采用磁芯线圈,多股粗线圈均可提高线圈的 Q 值。

（5）分布电容

分布电容是指线圈匝与匝之间、线圈与屏蔽罩间、线圈与底板间客观存在的寄生电容,主要与电感器的结构和绕线方式有关。其降低了线圈的品质因数 Q,也使线圈的工作频率受到限制。可采用减小线圈骨架直径、细导线绕制、蜂房式或分段式绕法来减少分布电容。

5） 电感器的识别与选用

（1）电感器的型号命名

电感器的型号命名由四部分组成。第一部分用字母“L（ZL）”表示电感器的主称,其中“L”表示电感线圈,“ZL”表示阻流圈;第二部分用字母表示电感器的特征;第三部分用字母表示电感器的类型;第四部分用字母表示区别代号。

（2）电感器的标示方法

体积较大的电感线圈,其电感量及额定电流均在外壳上标出,小型高频电感线圈用色环表示电感量。

① 直标法。直标法是将电感的标称电感量用数字和文字符号直接标在电感体上,电感量单位后面的字母表示偏差。

② 文字符号法。文字符号法是将电感的标称值和偏差值用数字和文字符号按一定的规律组合标示在电感体上。采用文字符号法表示的电感通常是一些小功率电感,单位通常为 nH 或 μH。用 μH 做单位时,“R”表示小数点;用“nH”做单位时,“N”表示小数点。

③ 色标法。色标法是在电感表面涂上不同的色环来代表电感量（与电阻类似）,通常用 3 个或 4 个色环表示。在识别色环时,紧靠电感体一端的色环为第一环,露出电感体本色较多

的另一端为末环。注意:用这种方法读出的色环电感量,默认单位为微亨(μH)。

(3) 电感器的选用

市场上电感器的种类很多,各种电感器的质量和性能都存在一定的差别,在选用时需要注意下述几个原则。

① 根据工作频率选择线圈导线。工作于低频段的电感线圈,一般采用漆包线等带绝缘的导线绕制;工作频率高于几十千赫兹而低于 2 MHz 的电路中,采用多股绝缘的导线绕制线圈;在频率高于 2 MHz 的电路中,电感线圈应采用单根粗导线绕制,导线的直径一般为 0.3～1.5 mm,不宜选用多股导线绕制,因为多股绝缘线在频率很高时,线圈绝缘介质将引起额外的损耗,其效果反不如单根导线好。

② 选择优质骨架减少介质损耗。在频率较高的场合,如短波波段,因为普通线圈骨架的介质损耗显著增加,所以,应选用高频介质材料,如高频瓷、聚四氟乙烯、聚苯乙烯等作为骨架,并采用间绕法绕制。

③ 合理选择屏蔽罩的直径。用屏蔽罩会增加线圈的损耗,使 Q 值降低,因此屏蔽罩的尺寸不宜过小,然而屏蔽罩的尺寸过大会使体积增大,因此要选定合理的屏蔽罩直径尺寸。

④ 采用磁芯可使线圈圈数显著减少。线圈中采用磁芯减少了线圈的圈数,不仅减小线圈的电阻值,有利于 Q 值的提高,而且缩小了线圈的体积。

⑤ 合理选择线圈直径减小损耗。在可能的情况下,线圈直径如果选得大一些,有利于减小线圈的损耗。一般接收机,单层线圈直径取 12～30 mm,多层线圈取 6～13 mm,但从体积考虑,直径不宜超过 25 mm。

⑥ 减小绕制线圈的分布电容。尽量采用无骨架方式绕制线圈,或者采用绕制在凸筋式骨架上的线圈,能减少分布电容的 15%～20%;分段绕法能减少多层圈分布电容的 1/3～1/2。对于多层线圈来说,直径越小、绕组长度越小或绕组厚度越大,则分布电容越小。应当指出的是,经过浸渍和封涂后的线圈,其分布电容将增大 20%～30%。

6) 电感器的检测

(1) 外观检查

检测电感时先进行外观检查,看线圈有无断线、生锈、发霉、松散、烧焦,引脚有无折断等现象。若有上述现象,则表明电感已损坏。

(2) 万用表电阻法检测

用万用表的欧姆挡测线圈的直流电阻。电感的直流电阻值一般很小,匝数多、线径细的线圈能达几十欧;对于有抽头的线圈,各引脚之间的阻值均很小,仅有几欧姆左右。若用万用表 $R \times 1$ 或 $R \times 10$ 挡测线圈的直流电阻,阻值无穷大说明线圈(或与引出线间)已经开路损坏;阻值比正常值小很多,则说明有局部短路;阻值为零,说明线圈完全短路。

1.4.5 晶体二极管

晶体二极管简称二极管,是电子电路中重要的半导体器件之一。晶体二极管由一个 PN 结构成,具有单向导电性。

1) 晶体二极管的分类和图形符号

（1）晶体二极管的分类

① 按所用材料可分为锗二极管、硅二极管。

② 按制作工艺可分为面接触二极管和点接触二极管。

③ 按封装形式可分为引脚式、贴片式、常规封装、特殊封装等。

④ 按用途可分为整流二极管、检波二极管、稳压二极管、变容二极管、光电二极管、发光二极管、开关二极管、快速恢复二极管等。

（2）晶体二极管的符号和外形

① 晶体二极管的符号

晶体二极管的文字符号一般用 D 表示，电路图形符号如图 1.4.10 所示。

|(a)普通
二极管|(b)稳压
二极管|(c)发光
二极管|(d)光电
二极管|(e)变容
二极管|

图 1.4.10　晶体二极管的图形符号

② 晶体二极管的外形

晶体二极管的外形如图 1.4.11 所示。

(a)整流二极管　　(b)稳压二极管　　(c)发光二极管　　(d)变容二极管　　(e)光电二极管

图 1.4.11　晶体二极管的外形

2) 晶体二极管的主要技术参数

（1）最大整流电流 I_{FM}

最大整流电流 I_{FM} 是指二极管长期工作时允许通过的最大正向平均电流值。因为电流通过管子时会使管芯发热，温度上升，二极管在使用中电流不应超过这个数值，否则会使管芯因过热而损坏。

（2）最高反向工作电压 U_{RM}

最高反向工作电压 U_{RM} 是指二极管在不击穿的情况下所能承受的最高反向电压。超过此值二极管可能被击穿损坏，失去单向导电能力。U_{RM} 通常为反向击穿电压的 $1/2\sim2/3$。

（3）反向电流 I_R

反向电流 I_R 是指二极管在规定的温度下承受最高反向电压时的反向漏电电流。反向电流越小，管子的单向导电性能越好。反向电流与温度密切相关，温度每升高大约 10 ℃，反向电流增大 1 倍。硅二极管比锗二极管在高温下具有更好的稳定性。

（4）最高工作频率 f_M

最高工作频率 f_M 是指二极管正常工作时允许通过的交流信号最高频率。若是超过此值，则单向导电性将受影响。f_M 的大小由二极管的结电容决定，结电容越小，工作频率越高。

3) 二极管的选用和检测

（1）二极管的选用

① 检波二极管的选用

检波二极管一般可选用点接触型锗二极管，例如 2AP 系列等。选用时，应根据电路的具体要求来选择工作频率高、反向电流小、正向电流足够大的检波二极管。

② 整流二极管的选用

整流二极管一般为平面型硅二极管，用于各种电源整流电路中。选用整流二极管时，主要应考虑其最大整流电流、最大反向工作电流、截止频率及反向恢复时间等参数。普通串联稳压电源电路中使用的整流二极管，对截止频率的反向恢复时间要求不高，只要选择最大整流电流和最高反向工作电压符合要求的整流二极管即可。例如，1N 系列、2CZ 系列、RLR 系列等。开关稳压电源的整流电路及脉冲整流电路中使用的整流二极管，应选用工作频率较高、反向恢复时间较短的整流二极管（例如 RU 系列、EU 系列、V 系列、1SR 系列等）或选择快恢复二极管。

③ 开关二极管的选用

开关二极管主要应用于收录机、电视机、影碟机等家用电器及电子设备中的开关电路、检波电路、高频脉冲整流电路等电路中。中速开关电路和检波电路，可以选用 2AK 系列普通开关二极管。高速开关电路可以选用 RLS 系列、1SS 系列、1N 系列、2CK 系列的高速开关二极管。要根据应用电路的主要参数（例如正向电流、最高反向电压、反向恢复时间等）来选择开关二极管的具体型号。

（2）二极管的检测

普通二极管（包括检波二极管、整流二极管、阻尼二极管、开关二极管、续流二极管）是由一个 PN 结构成的半导体器件，具有单向导电特性。通过万用表检测其正、反向电阻值，可以判别出二极管的电极，还可估测出二极管是否损坏。

① 极性的判别

将万用表置于 $R \times 100$ 挡或 $R \times 1k$ 挡，两表笔分别接二极管的两个电极，测出一个阻值，对调两表笔，再测出一个阻值。两次测量的阻值中，有一次测量出的阻值较大（为反向电阻），一次测量出的阻值较小（为正向电阻）。在阻值较小的一次测量中，黑表笔所接的是二极管的正极，红表笔接的是二极管的负极（如果用数字万用表测量，那么红表笔所接是正极，黑表笔所接为负极）。

② 单向导电性能的检测及好坏的判断

通常，锗材料二极管的正向电阻值为 1 kΩ 左右，反向电阻值为 300 Ω 左右。硅材料二极管的电阻值为 5 kΩ 左右，反向电阻值为 ∞（无穷大）。正向电阻越小越好，反向电阻越大越好。正、反向电阻值相差越悬殊,说明二极管的单向导电特性越好。

若测得二极管的正、反向电阻值均接近零或阻值较小,则说明该二极管内部已击穿短路或漏电损坏。若测得二极管的正、反向电阻值均为无穷大,则说明该二极管已开路损坏。

4) 特殊二极管

特殊二极管种类很多,常见的有稳压二极管、发光二极管、光电二极管、变容二极管、激光二极管、双向二极管、雪崩二极管、隧道二极管等,下面仅介绍几种常用的特殊二极管。

(1) 稳压二极管

稳压二极管是一种特殊的具有稳压功能的二极管,工作在反向击穿状态。常见的稳压二极管是一种由硅材料制成的面接触型二极管,正向特性与普通二极管相似,反向击穿特性曲线很陡。由于稳压二极管利用的是二极管的齐纳击穿特性,因此又被称为齐纳二极管。稳压二极管的主要参数有稳定电压 U_Z、稳定电流 I_Z、动态电阻 r_Z 以及额定功耗 P_Z。

用稳压二极管构成的稳压电路,虽然电压稳定度不高,输出电流也较小,但是电路简单、经济实用,因而应用非常广泛。稳压二极管的使用应注意以下几点:

① 要注意区分普通二极管与稳压二极管的方法。很多普通二极管,特别是玻璃封装的,其外形、颜色等与稳压二极管较为相似,如不细心区别,就会使用错误。

② 注意稳压二极管正向使用与反向使用的区别。稳压二极管正向导通使用时,与一般二极管正向导通使用时基本相同,正向导通后两端电压也是基本不变的,都约为 0.7 V。从理论上讲,稳压二极管也可正向使用做稳压管用,但其稳压值将低于 1 V,且稳压性能也不好,一般不单独用稳压管的正向导通特性来稳压,而是用其反向击穿特性来稳压。反向击穿电压值即为稳压值。有时将两个稳压管串联使用,一个利用它的正向特性,另一个利用它的反向特性,则既能稳压又可起温度补偿作用,以提高稳压效果。

③ 使用时应串联限流电阻。串联限流电阻来保证反向电流不超过额定电流,防止热击穿而造成永久性损坏。

(2) 发光二极管

发光二极管简称 LED,是一种通过掺杂工艺将含镓(Ga)、砷(As)、磷(P)、氮(N)等的化合物掺入半导体材料中制成的能发光的二极管。和普通二极管一样,发光二极管也具有单向导电性,即加正向电压时才能发光,但其光线的颜色和波长由掺入的元素杂质决定。发光的颜色有红、绿、黄、白、蓝等,外形有直径 3 mm 和 5 mm 圆形引脚式,也有规格为 2 mm×5 mm 长方形的,还有贴片封装的。

辨别发光二极管的正、负极有目测法和实验法。目测法就是用眼睛来观察发光二极管,可以发现其内部的两个电极一大一小。一般来说,电极较小、长度较短的是发光二极管的正极,电极较大的一个是它的负极,但是这种方法并非完全准确,有些厂家由于生产工艺不同可能刚好相反。若是新的发光二极管,可通过比较引脚的长度来区别,引脚较长的一个是正极。实验法就是通电看能不能发光,若不能就是极性接错或是发光管损坏。测试时需要串联一个限流电阻,限流电阻的大小根据工作电流来选择,在没有资料的情况下,工作电流一般控制在 1~10 mA。

（3）光电二极管

光电二极管又称光敏二极管，是把光信号转换成电信号的光电传感器件。和普通二极管一样，也由一个 PN 结组成，也具有单向导电特性。

普通二极管在反向电压作用时处于截止状态，只能流过微弱的反向电流。光电二极管在设计和制作时尽量使 PN 结的面积较大，结深较浅，管壳上有光窗，以便接收入射光。光电二极管工作在反向电压下，没有光照时，反向电流极其微弱，称为暗电流；有光照时，反向电流迅速增大到几十微安，称为光电流。光的强度越大，反向电流也越大。光的变化引起光电二极管电流变化，可以把光信号转换成电信号，成为光电传感器件。

1.4.6　晶体三极管

1) 晶体三极管的分类和图形符号

晶体三极管也称半导体三极管，简称晶体管或三极管。由于工作时有两种载流子（电子和空穴）同时参与导电，故又称双极型晶体管，简称为 BJT。晶体三极管是电子电路中的核心元件之一，其主要作用是将微弱信号放大成幅度值较大的电信号，也用作无触点开关。

晶体三极管由 3 层半导体、2 个 PN 结构成，由于组合方式不同，晶体三极管分为 NPN、PNP 两种形式，其结构示意图和图形符号如图 1.4.12 所示。电路图中，晶体管的文字符号一般为"Q"或"V"。

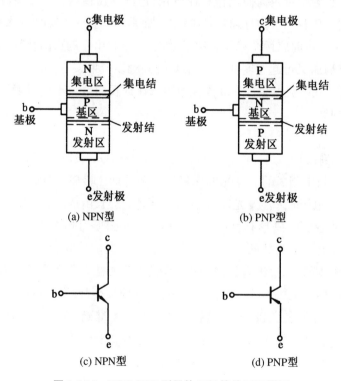

图 1.4.12　NPN、PNP 型晶体三极管的图形符号

(1) 晶体三极管的分类

① 按材质分为硅管和锗管。

② 按结构分为 NPN 型和 PNP 型。

③ 按功能分为开关管、功率管、达林顿管、光敏管等。

④ 按功率分为小功率管、中功率管、大功率管。

⑤ 按工作频率分为低频管、高频管和超高频管。

⑥ 按结构工艺分为合金管、平面管。

⑦ 按安装方式分为插件三极管、贴片三极管。

(2) 晶体三极管的外形

常见晶体三极管如图 1.4.13 所示。

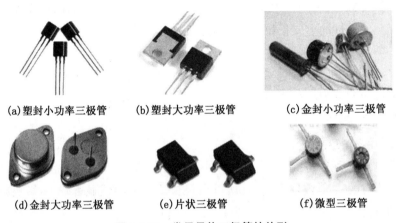

(a)塑封小功率三极管　　(b)塑封大功率三极管　　(c)金封小功率三极管

(d)金封大功率三极管　　(e)片状三极管　　(f)微型三极管

图 1.4.13　常见晶体三极管的外形

2）晶体三极管的主要技术参数

(1) 电流放大系数

① 共射电流放大系数

共射电流放大系数分为共发射极直流电流放大系数 $\bar{\beta}$ 和共发射极交流电流放大系数 β。

$$\beta = \frac{\Delta I_C}{\Delta I_B} \tag{1.4.1}$$

实际应用中 $\bar{\beta}$ 和 β 不予以区分,数据手册中通常用 h_{FE} 表示,反映了共发射极电路的电流放大能力。三极管的 β 值大小,说明该三极管的放大能力差,β 值太大会造成电路工作不稳定,三极管的 β 值一般为 20~200。

② 共基电流放大系数

共基电流放大系数也分为共基直流电流放大系数 $\bar{\alpha}$ 和共基交流电流放大系数 α,数据手册中通常用 h_{FB} 表示。

$$\alpha = \frac{\Delta I_C}{\Delta I_E} \tag{1.4.2}$$

实际应用中,因为 $\Delta I_C < \Delta I_E$,故 $\alpha < 1$。高频三极管的 $\alpha > 0.90$ 就可以使用。α 与 β 之间的关系为 $\alpha = \beta/(1+\beta)$, $\beta = \alpha/(1-\alpha) \approx 1/(1-\alpha)$。

（2）极间反向电流

三极管的极间反向电流反映了三极管的温度稳定性。

① 集电极-基极反向饱和电流 I_{CBO}

集电极-基极反向饱和电流 I_{CBO} 是指当发射极开路时,集电极-基极的反向饱和电流。良好的三极管 I_{CBO} 很小,小功率锗管的 I_{CBO} 为 $1\sim10\ \mu A$,大功率锗管的 I_{CBO} 可达数毫安,而硅管的 I_{CBO} 则非常小,是纳安级。

②穿透电流 I_{CEO}

穿透电流 I_{CEO} 是指当基极开路时,集电极和发射极之间加上规定反向电压 U_{CE} 时的集电极电流。I_{CEO} 大约是 I_{CBO} 的 β 倍,即 $I_{CEO} = (1+\beta)I_{CBO}$。$I_{CBO}$ 和 I_{CEO} 受温度影响极大,它们是衡量管子热稳定性的重要参数,其值越小,性能越稳定,小功率锗管的 I_{CEO} 比硅管大。

（3）特征频率 f_T

当信号频率高到一定程度时,共射交流电流放大系数 β 减小,并且还产生相移,使 β 值减小到 1 的信号频率就称为特征频率 f_T。

（4）极限参数

①集电极最大允许电流 I_{CM}

当集电极电流 I_C 很大时,β 值会逐渐减小,I_C 增大到某一数值,引起 β 值减小到额定值的 2/3 或 1/2,这时的 I_C 值被称为 I_{CM}。所以当 $I_C > I_{CM}$ 时,β 值显著减小,影响放大质量,且管子有烧毁的可能。

② 集电极最大允许耗散功率 P_{CM}

集电极最大允许耗散功率 P_{CM} 是指三极管集电结受热而引起晶体管参数的变化不超过允许值时集电极耗散的最大功率。当实际功耗 $P_C > P_{CM}$ 时,会引起管子参数的变化,甚至会烧坏管子。P_{CM} 与散热条件有关,增加散热片可提高 P_{CM}。P_{CM} 可由下式计算:

$$P_{CM} = I_C \cdot U_{CE} \tag{1.4.3}$$

③极间反向击穿电压

a. $U_{(BR)CBO}$ 是发射极开路时,集电极和基极间的反向击穿电压,是集电结所允许加的最大反向电压。

b. $U_{(BR)CEO}$ 是基极开路时,集电极和发射极间的最大允许电压,使用时如果 $U_{CE} > U_{(BR)CEO}$,管子将被击穿,是集电结所允许加的最大反向电压。

c. $U_{(BR)EBO}$ 是集电极开路时,发射极和基极间的反向击穿电压,是发射结所允许加的最大反向电压。

3） 晶体三极管的选用

晶体三极管种类繁多,在选用晶体三极管时,要根据电路的具体要求和三极管的主要参数,以及合适的外形尺寸和封装形式来选用。一般应考虑电流放大系数、工作频率、反向击穿电压、集电极电流、耗散功率、饱和压降及稳定性等因素。

选用三极管时应弄清电路的工作频率大概是多少,工程设计中一般要求三极管的特征频率 f_T 大于3倍的实际工作频率。小功率三极管集射间最大反向电压 $U_{(BR)CEO}$ 的选择可以根据电路的电源电压来决定,一般情况下只要三极管的 $U_{(BR)CEO}$ 大于电路中电源的最大电压即可,但是如果三极管的负载是感性负载(如变压器、线圈等)时,$U_{(BR)CEO}$ 数值的选择要慎重,感性负载上的感应电压可能达到电源电压的 $2\sim8$ 倍。β 值不可太大,太大容易引起自激,工作不稳定,一般为 $20\sim200$。大功率的三极管必须考虑集电极最大允许耗散功率 P_{CM},并且还必须安装良好的散热器。从原则上来说,高频管可以代换低频管,极限参数值大的可以代换极限参数值小的三极管。

4) 晶体三极管的检测

(1) 晶体三极管极性的判别

① 基极的判别

用万用表的 $R\times1k$ 挡或 $R\times100$ 挡,先假定某一管脚为基极,将万用表任意一表笔与假设基极接触,用另一表笔分别与另外两只管脚相接,若两次测得阻值都大或都小,交换表笔再测,若两次测得阻值都小或都大,则假定的基极正确,若两次测得阻值一大一小,则假定错误。

② NPN 型或 PNP 型的判别

用红色表笔接触已经测出的基极,将黑笔分别接触另外两极,所测阻值都大,调换表笔再测阻值应都小,则为 NPN 型,反之则是 PNP 型。

③ 判断发射极和集电极

以 NPN 型三极管为例。先假设一管脚为发射极,使红笔与该脚相接,黑笔接触下一脚,同时用手指连接黑笔接的管脚与基极,观察指针偏挂角度,再交换两表笔测量,观察指针偏转角度,比较偏转角度大的一次,黑笔接的为集电极,红笔接的为发射极。测量方法如图1.4.14所示。

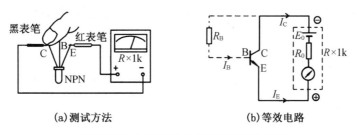

(a)测试方法   (b)等效电路

图 1.4.14 三极管集电极和发射极的判别

PNP 型三极管的判别方法同 NPN 型,但必须把表笔极性对调一下,即偏转角度大的一次,红笔所接的为实际集电极,黑笔接的为发射极。如果用数字万用表测试,表笔极性对调即可。

(2) 硅管和锗管的区别

使用 $R\times100$ 或 $R\times1k$ 挡测基极和发射极间的电阻值,阻值在几十千欧的是硅管,小于几千欧的是锗管。

（3）穿透电流 I_{CEO} 大小的判断

用万用表 $R\times100$ 或 $R\times1k$ 挡去测量集电极和发射极之间的电阻值,对于 PNP 型三极管,黑表笔接 e 极,红表笔接 c 极,对于 NPN 型三极管,黑表笔接 c 极,红表笔接 e 极。要求测得的电阻越大越好。c-e 间的阻值越大,说明管子的 I_{CEO} 越小,管子性能越好。

（4）电流放大倍数的测量

目前很多万用表都具有测量三极管 h_{FE} 的刻度线及其测试插座,可以很方便地测量三极管的放大倍数。先将万用表量程开关拨到 ADJ 位置,将红、黑表笔短接,调整调零旋钮,使万用表指针指示为零,然后将量程开关拨到 h_{FE} 位置,并使两短接的表笔分开,把被测三极管分为 NPN 型和 PNP 型,将 e、b、c 电极插入对应的测试插座,即可从 h_{FE} 刻度线上读出管子的放大倍数。

对于大功率三极管的极性、管型及性能的检测,检测方法同检测中、小功率三极管基本一样。但是,由于大功率三极管的工作电流比较大,因此其 PN 结的面积也较大。PN 结较大,其反向饱和电流也必然增大。所以,如果像测量中、小功率三极管极间电阻那样,使用万用表的 $R\times100$ 挡或 $R\times1k$ 挡测量,测得的电阻值会很小,就像极间短路一样。所以,测量大功率三极管应使用万用表的 $R\times10$ 挡或 $R\times1$ 挡。

1.4.7 场效应晶体管

场效应晶体管（FET）简称场效应管,由多数载流子参与导电,也称为单极型晶体管,它属于电压控制型半导体器件。场效应管具有输入电阻高、噪声小、功耗低、动态范围大、易于集成、没有二次击穿现象、安全工作区域宽、热稳定性好等优点。

1) 场效应晶体管的分类和图形符号

（1）场效应晶体管的分类

根据结构和制造工艺不同,场效应管分为结型场效应管（JFET）和绝缘栅型场效应管（IGFET）两大类,每一类又有 N 沟道和 P 沟道之分,绝缘栅型场效应管又分为增强型和耗尽型。结型场效应管因有两个 PN 结而得名,绝缘栅型场效应管则因栅极与其他电极完全绝缘而得名。

（2）场效应晶体管的图形符号

结型场效应管的图形符号如图 1.4.15 所示,绝缘栅型场效应管的图形符号如图 1.4.16 所示。

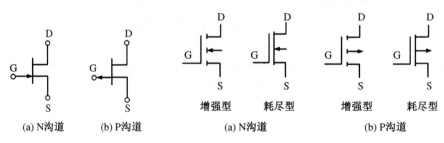

(a) N沟道　　(b) P沟道	(a) N沟道　　　　　　(b) P沟道
图 1.4.15　结型场效应管	图 1.4.16　绝缘栅型场效应管

2) 场效应晶体管的主要参数

(1) 直流参数

① 开启电压 $U_{GS(th)}$(或 U_T)

开启电压是在 U_{DS} 为一常量的情况下,使 i_D 大于零时最小的栅源电压。

② 夹断电压 $U_{GS(off)}$(或 U_P)

夹断电压是在 U_{DS} 为一常量的情况下,i_D 为规定的微小电流时的栅源电压。

③ 饱和漏极电流 I_{DSS}

对于结型场效应三极管,当 $U_{GS}=0$ 时所对应的漏极电流。

④ 输入电阻 $R_{GS(DC)}$

输入电阻 $R_{GS(DC)}$ 等于栅源电压与栅极电流之比。结型场效应管的 $R_{GS(DC)}$ 大于 10^7 Ω,绝缘栅型场效应管的 $R_{GS(DC)}$ 大于 10^9 Ω。

(2) 交流参数

① 低频跨导 g_m

低频跨导反映了栅源电压对漏极电流的控制作用。相当于普通晶体管的 h_{FE},单位是 mS(毫西门子)。

② 极间电容

场效应管 3 个电极之间的电容,它的值越小表示管子的性能越好。

(3) 极限参数

① 最大耗散漏极功耗 P_{DM}

P_{DM} 是指场效应管在性能不变坏时所允许的最大漏源耗散功率。使用时,场效应管的实际功耗应小于 P_{DM} 并留有一定余量。

② 极限漏极电流 I_D

I_D 是漏极能够输出的最大电流,相当于普通三极管的 I_{CM},其值与温度有关,通常手册上标注的是温度为 25 ℃时的值。

③ 最大漏源电压 U_{DSS}

U_{DSS} 是场效应管漏源极之间可以承受的最大电压(相当于普通晶体管的最大反向工作电压 U_{CEO}),有时也用 U_{DS} 表示。

3) 场效应晶体管的检测

(1) 判定栅极

场效应管的栅极相当于晶体三极管的基极,源极和漏极分别对应于晶体三极管的发射极和集电极。将万用表置于 $R \times 1k$ 挡,用两表笔分别测量每两个管脚间的正、反向电阻。用万用表黑表笔碰触管子的一个电极,红表笔分别碰触另外两个电极。若两次测出的阻值都很小,说明均是正向电阻,该管属于 N 沟道场效应管,黑表笔接的也是栅极。制造工艺决定了场效应管的源极和漏极是对称的,可以互换使用,并不影响电路的正常工作,所以不必加以区分。源极与漏极间的电阻约为几千欧。

注意不能用此法判定绝缘栅型场效应管的栅极。因为这种管子的输入电阻极高,栅源间的极间电容又很小,测量时只要有少量的电荷,就可在极间电容上形成很高的电压,容易将管子损坏。当某两个管脚间的正、反向电阻相等,均为几千欧姆时,则这两个管脚为漏极 D 和源极 S。

(2) 估测场效应管的放大能力

将万用表拨到 $R\times100$ 挡,红表笔接源极 S,黑表笔接漏极 D,相当于给场效应管加上 1.5 V 的电源电压。这时表针指示出的是 D-S 极间电阻值。然后用手指捏栅极 G,将人体的感应电压作为输入信号加到栅极上。由于管子的放大作用,漏源电压 U_{DS} 和漏极电流 I_D 都要发生变化,也就是漏源极间电阻发生了变化,由此可以观察到表针有较大幅度的摆动。如果手捏栅极时万用表指针摆动较小,说明管子的放大能力较差;表针摆动较大,说明管子的放大能力强;若表针不动,说明管子已经损坏。

本方法也适用于测 MOS 场效应管。为了保护 MOS 场效应管,必须用手握住螺丝刀绝缘柄,用金属杆去碰栅极,以防止人体感应电荷直接加到栅极上,将管子损坏。MOS 场效应管每次测量完毕,G-S 结电容上会充有少量电荷,建立起电压 U_{GS},再接着测时,表针可能不动,此时将 G-S 极间短路一下即可。

1.4.8 常用模拟集成器件

模拟集成电路主要是指由电容、电阻、晶体管等组成的模拟电路集成在一起用来处理模拟信号的集成电路。模拟集成电路的主要构成电路有:放大器、滤波器、反馈电路、基准源电路、开关电容电路等。模拟集成电路是用来产生、放大和处理各种模拟信号(指幅度随时间连续变化的信号)的电路,是微电子技术的核心技术之一,能对电压或电流等模拟量进行采集、放大、比较、转换和调制。

1) 模拟集成器件的分类

集成器件的分类方法有很多种,常见的分类方式如下所述。

(1) 根据集成度分类

根据集成电路内部的集成度,可以分为大规模、中规模、小规模等。

(2) 根据封装的材料和引脚形式分类

根据封装的材料分为塑料封装、金属封装和陶瓷封装三类;根据集成电路管脚的引脚形式可分为直插式和扁平式两类。

(3) 根据输出与输入信号之间的响应关系分类

根据输出与输入信号之间的响应关系,可将模拟集成电路分为线性集成电路和非线性集成电路两大类。线性集成电路的输出与输入信号之间的响应通常呈线性关系,其输出的信号形状与输入信号是相似的,只是被放大了,并且是按固定的系数进行放大的。而非线性集成电路的输出信号对输入信号的响应呈现非线性关系,比如平方关系、对数关系等,故称为非线性电路。常见的非线性电路有振荡器、定时器、锁相环电路等。

(4) 根据用途分类

① 通用模拟电路:包括运算放大器、电压比较器、电压基准源电路、稳压电源电路等。

② 工业控制与测量电路:包括定时器、波形发生器、检测器、传感器电路、锁相环电路、

模拟乘法器、电机驱动电路、功率控制电路和模拟开关等。

③ 通信电路：包括电话通信电路和移动通信电路等。

④ 消费类电路：包括黑白、彩色电视机电路，录像机电路，音响电路等，还有许多其他电路，如医疗用电路等。

（5）根据导电类型分类

根据导电类型可以分为双极型集成电路和单极型集成电路。

2） 模拟集成器件的识别

（1）模拟集成器件的型号命名

我国对于国产的集成电路的命名方法有国家标准《半导体集成电路型号命名方法》(GB 3430—1989)，该标准适用于按半导体集成电路系列和品种的国家标准生产的半导体集成电路。型号命名由 5 部分组成，各部分的含义见表 1.4.4。第一部分用字母"C"表示该集成电路为中国制造，符合国家标准；第二部分用字母表示集成电路的类型；第三部分用数字或数字与字母混合表示集成电路的系列和品种代号；第四部分用字母表示电路工作的温度范围；第五部分用字母表示集成电路的封装形式。

表 1.4.4　国标集成电路型号命名及含义

第一部分：国标		第二部分：电路类型		第三部分：电路系列和代号	第四部分：温度范围		第五部分：封装形式	
字母	含义	字母	含义		字母	含义	字母	含义
C	中国制造	B	非线性电路	用数字或者数字与字母混合表示集成电路的系列和品种代号	C	0～70 ℃	B	塑料扁平
		C	CMOS 电路				C	陶瓷芯片载体封装
		D	音响、电视电路		G	−25～70 ℃	D	多层陶瓷双列直插
		E	ECL 电路				E	塑料芯片载体封装
		F	线性放大器					
		H	HTL 电路		L	−25～85 ℃	F	多层陶瓷扁平
		J	接口电路				G	网格阵列封装
		M	存储器					
		W	稳压器				H	黑瓷扁平
		T	TTL 电路		E	−40～85 ℃	J	黑瓷双列直插封装
		μ	微型机电路				K	金属菱形封装
		A/D	A/D 转换器		R	−55～85 ℃	P	塑料双列直插封装
		D/A	D/A 转换器					
		SC	通信专用电路				S	塑料单列直插封装
		SS	敏感电路		M	−55～125 ℃	T	金属圆形封装
		SW	钟表电路					

目前有很多电子产品采用了国外公司的集成电路,国外公司生产的集成电路都有自己的符号及标识方法,见表 1.4.5。

表 1.4.5　常见国外集成电路标识符号

符号	公司名称及生产国	符号	公司名称及生产国
AN	松下电子公司(日)	TPA,SO	西门子公司(德)
BA	东洋电具公司(日)	μA	仙童公司(美)
CA	RCA 公司(美)	μPC	日本电器(日)
HA	日立公司(日)	CX	索尼公司(日)
LA、LB	三洋电气公司(日)	IX	夏普公司(日)
LM	利迅公司(国家半导体公司)(美)	KA	金星公司(韩)
M	三菱电气公司(日)	S	微系统公司(美)
MC	摩托罗拉公司(美)	AD	模拟器件公司(美)
TA、TC	东芝公司(日)	CS	齐瑞半导体器件公司(美)
TL、TMS、SN	得克萨斯仪器公司(美)	MB	富士通有限公司(日)
SP、SL、TBA	普莱塞公司(英)	ICL	英特矽尔公司(美)
NE	飞利浦(荷兰),麦拉迪(英)	ML	米特尔半导体器件公司(加)
ULN	斯普拉格公司(美)	TDC	大规模集成电路公司(美)
MK	莫斯特拉公司(美)	TAA	德国德律风根公司、荷兰飞利浦公司及欧洲共同市场各国有限公司产品
MP	微功耗系统公司(美)	TBA	
AY	通用仪器公司(美)	TDA	
XR	埃克来集成系统公司(美)	N	西根尼蒂克公司(美)
U	德律风根公司(德)		

(2) 模拟集成器件的封装和引脚识别

① 按芯片的外形、结构分类

按芯片的外形、结构分类大致有:DIP、SIP、ZIP、SDIP、SKDIP、PGA、SOP、QFP、LCCC、PLCC、SOJ、BGA 等封装类型。其中前 6 种属引脚插入型,后面 6 种为表面贴装型,各种集成电路的封装外形及特点见表 1.4.6。

表 1.4.6　集成电路的封装外形及特点

封装外形图片	封装类型
DIP-8　　DIP-16	DIP:双列直插封装。顾名思义,该类型的引脚在芯片两侧排列,是插入式封装中最常见的一种,引脚节距为 2.54 mm,电气性能优良,有利于散热,可制成大功率器件

(续表)

封装外形图片	封装类型
	S-DIP：收缩双列直插封装。该类型的引脚在芯片两侧排列,引脚节距为 1.778 mm,芯片集成度高于 DIP
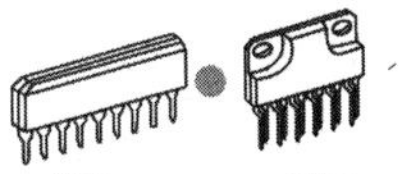 SIP　　ZIP	SIP：单列直插式封装。封装底面垂直阵列布置引脚插脚,如同针栅。插脚节距 2.54 mm 或 1.27 mm,插脚数可多达数百脚。用于高速的且大规模和超大规模集成电路
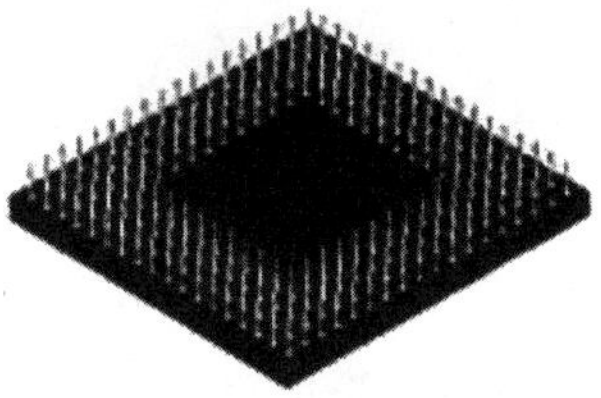	BGA：球栅阵列封装。表面贴片型封装的一种,在 PCB 的背面布置二位阵列的球形凸点代替针形引脚。焊球的节距通常为 1.5 mm、1.0 mm、0.8 mm,与 PGA 相比,不会出现针脚变形问题。适应频率超过 100 MHz,I/O 引脚大于 208 Pin。电热性能好,信号传输延迟小,可靠性高
	SOP：小外形表面贴装型封装。其引脚从封装的两个侧面引出,引脚有 J 形和 L 形两种形式,中心距一般分为 1.27 mm 和 0.8 mm 两种,引脚数 8~32。体积小,是最普及的表面贴片封装
	QFP：四方扁平封装。表面贴装型封装的一种,引脚端子从封装的两个侧面引出,呈 L 形,引脚节距为 1.0 mm、0.8 mm、0.65 mm、0.5 mm、0.4 mm、0.3 mm,引脚可达 300 脚以上
 PLCC　　LCCC	PLCC：无引线塑料封装。一种塑料封装的 LCC。也用于高速、高频集成电路的封装。 LCCC：芯片封装在陶瓷载体中,无引线的电极焊端排列在底面的四边。引脚中心距 1.27 mm,引脚数 18~156。高频特性好,造价高,一般用于军品
	SOJ：小外形 J 引脚封装。表面贴装型封装的一种,引脚端子从封装的两个侧面引出,呈 J 形,引脚节距为 1.27 mm

② 管脚识别

使用集成电路前,必须认真查对识别集成电路的引脚,确认电源、地、输入、输出、控制等端的引脚号。集成电路的封装形式无论是圆形或扁平形、单列直插形或双列直插形,其管脚排列均有一定规律。

a. 单列直插式。将印字一面向着自己,管脚向下,左端为第一脚,即从左向右数。一般在左端都有标记(有斜切角、色条、圆凹坑等),如图 1.4.17 所示。

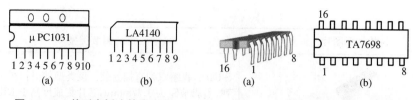

图 1.4.17　单列直插式管脚识别　　　　图 1.4.18　双列直插式管脚识别

b. 双列直插式。将印有字的一面向上,管脚朝下,从左下角数起,按逆时针计数(左下角一般都有标记,一般是圆凹坑、色点或左端中间有弧形凹口),如图 1.4.18 所示。

c. 圆形封装。印有字符一面向上,管脚向下,从管键或标记处数起,按逆时针方向计数。

3) 常用集成电路的检测

集成电路的基本检测方法有在路检测、非在路检测和替换检测。在路检测是指集成电路已经焊入电路,利用电压测量法、电阻测量法及电流测量法等方法,通过在电路上测量集成电路的各引脚电压值、电阻值和电流值与标准值相比较,从而判断集成电路的好坏。非在路检测是指集成电路未焊入电路时,通过测量其引脚之间的直流电阻值与标准值相比较,来判断集成电路的好坏。替换检测是用已知完好的同型号、同规格的集成电路来替换被测集成电路,从而判断出被测集成电路的好坏,短路故障慎重使用替换法。

4) 集成电路的代换技巧

(1) 直接代换

直接代换是指用其他集成电路不经任何改动而直接取代原来的集成电路,代换后不影响机器的主要性能与指标。

代换原则:代换集成电路在功能、性能指标、封装形式、引脚用途、引脚序号和间隔等几方面均相同。

① 同型号集成电路的代换

同型号集成电路的代换一般是可靠的,安装集成电路时,要注意方向不要弄错,否则,通电时集成电路很可能被烧毁。有的单列直插式功放集成电路,虽然型号、功能、特性相同,但引脚排列顺序的方向是有所不同的。例如,双声道功放集成电路 LA4507,其引脚有"正""反"之分,其起始脚标注(色点或凹坑)方向不同;没有后缀与后缀为"R"的集成电路,例如 M5115P 与 M5115RP。

② 不同型号集成电路的代换

a. 型号前缀字母相同、数字不同的集成电路代换。这种代换只要相互间的引脚功能完全相同,其内部电路和电参数稍有差异,也可相互直接代换。如伴音中放集成电路 LA1363 和 LA1365,后者与前者相比在集成电路第 5 脚内部增加了一个稳压二极管,其他完全一样。

b. 型号前缀字母不同、数字相同的集成电路代换。一般情况下,前缀字母是表示生产厂家及电路的类别,前缀字母后面的数字相同,大多数可以直接代换。但也有少数集成电路,虽然数字相同,但功能却完全不同。例如,HA1364 是伴音集成电路,而 μPC1364 是彩色解码集成电路;再例如,数字为 4558 的集成电路,8 脚的是运算放大器 NJM4558,14 脚的是 CD4558数字电路,故二者完全不能代换。

c. 型号前缀字母和数字都不同的集成电路代换。有的厂家引进未封装的 IC 芯片,然后加工成按本厂命名的产品。还有的为了提高某些参数指标而改进产品。这些产品常用不同型号进行命名或用型号后缀加以区别。例如,AN380 与 μPC1380 可以直接代换;AN5620、TEA5620、DG5620 等可以直接代换。

(2) 非直接代换

非直接代换是指不能进行直接代换的集成电路稍加修改外围电路,改变原引脚的排列或增减个别元件等,使之成为可代换的集成电路的方法。

代换原则:代换所用的集成电路可与原来的集成电路引脚功能不同、外形不同,但芯片功能要相同,特性要相近;代换后不应影响原机性能。

① 不同封装的集成电路代换

相同类型的集成电路芯片,但封装外形不同,代换时只要将新器件的引脚按原器件引脚的形状和排列顺序进行整形。例如,AFT 电路 CA3064 和 CA3064E,前者为圆形封装,辐射状引脚;后者为双列直插塑料封装,两者内部特性完全一样,按引脚功能进行连接即可。双列集成电路 AN7114、AN7115 与 LA4100、LA4102 封装形式基本相同,引脚和散热片正好都相差 180°。前面提到的 AN5620 带散热片双列直插 16 脚封装、TE-A5620 双列直插 18 脚封装,9、10 脚位于集成电路的右边,相当于 AN5620 的散热片,二者其他脚排列一样,将 9、10 脚连起来接地即可使用。

② 电路功能相同但个别引脚功能不同的集成电路代换

代换时可根据各个型号集成电路的具体参数及说明进行。如电视机中的 AGC、视频信号输出有正、负极性的区别,只要在输出端加接倒相器后即可代换。

③ 类型相同但引脚功能不同的集成电路代换

这种代换需要改变外围电路及引脚排列,因而需要一定的理论知识、完整的资料和丰富的实践经验与技巧。

④ 有些空脚不应擅自接地

内部等效电路和应用电路中有的引出脚没有标明,遇到空的引出脚时,不应擅自接地,这些引出脚为更替或备用脚,有时也作为内部连接。

⑤ 用分立元件代换集成电路

有时可用分立元件代换集成电路中被损坏的部分,使其恢复功能。代换前应了解该集成电路的内部功能原理、每个引出脚的正常电压、波形图及与外围元件组成电路的工作原理。同时还应考虑信号能否从集成电路中取出接至外围电路的输入端。经外围电路处理后的信号,能否连接到集成电路内部的下一级去进行再处理(连接时的信号匹配应不影响其主要参数和性能)。如中放集成电路损坏,从典型应用电路和内部电路看,由伴音中放、鉴频以及音频放大器组成,可用信号注入法找出损坏部分,若是音频放大部分损坏,则可用分立元件代替。

⑥ 组合代换

组合代换就是将同一型号的多块集成电路内部未受损的电路部分,重新组合成一块完整的集成电路,用以代替功能不良的集成电路的方法。对买不到原配集成电路的情况下是十分适用的。但要求所利用的集成电路是内部完好的电路,且一定要有接口引出脚。

5) 三端集成稳压器

集成稳压器是将不稳定的直流电压转换成稳定的直流电压的集成电路,与分立元件组成的稳压电路相比较具有输出电流大、输出电压高、体积小、可靠性高等优点,在电子电路中应用广泛,其中三端式集成稳压器应用最为普遍。

(1)三端集成稳压器的分类

三端集成稳压器按输出电压是否可调分为三端固定式集成稳压器和三端可调式集成稳压器。

① 三端固定式集成稳压器

三端固定式集成稳压器是将取样电阻、补偿电容、保护电路、大功率调整管等都集成在同一芯片上,使整个集成电路块只有输入、输出和公共 3 个引出端,使用非常方便,因此获得广泛应用。它的缺点是输出电压固定,所以必须生产各种输出电压、电流规格的系列产品。7800 系列集成稳压器是常用的固定正输出电压的集成稳压器,7900 系列集成稳压器是常用的固定负输出电压的集成稳压器。三端固定式集成稳压器的封装和管脚排列如图 1.4.19 所示,7812 集成稳压器的应用电路如图 1.4.20 所示。

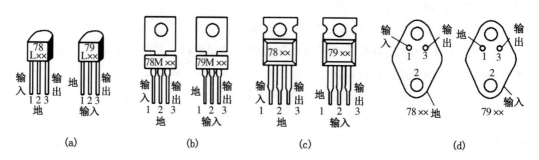

图 1.4.19　三端固定式集成稳压器的封装和管脚排列

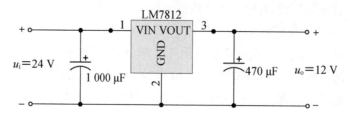

图 1.4.20　三端固定式集成稳压器 7812 的应用电路

② 三端可调式集成稳压器

三端可调式集成稳压器只需外接两只电阻即可获得各种输出电压。如 CW117、CW317 等为常用的三端可调正输出集成稳压器,CW137、CW337 等为常用的三端可调负输出集成稳压器。三端可调式集成稳压器的封装和管脚排列如图 1.4.21 所示,其应用电路如图1.4.22 所示。

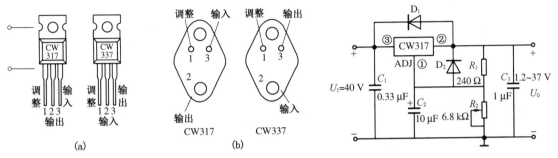

图 1.4.21 三端可调式集成稳压器的封装和管脚排列　　图 1.4.22 三端可调式稳压器 CW317 的应用电路

（2）三端集成稳压器选用的注意事项

① 选用三端集成稳压器时,首先要考虑的是输出电压是否需要调整。若不需调整输出电压,则可选用输出固定电压的稳压器;若要调整输出电压,则应选用可调式稳压器。稳压器的类型选定后,就要进行参数的选择,其中最重要的参数就是需要输出的最大电流值,这样便大致可确定出集成电路的型号。然后再审查一下所选稳压器的其他参数能否满足使用的要求。

② 在接入电路之前,一定要分清引脚及其作用,避免接错时损坏集成块。比如,防止输入端对地短路;防止输入端滤波电路断路;防止输出端与其他高电压电路连接;稳压器接地端不得开路等。

③ 要防止产生自激振荡。三端集成稳压器内部电路放大级数多,开环增益高,工作于闭环深度负反馈状态,电路可能会产生高频寄生振荡,从而影响稳压器的正常工作。如图 1.4.23 所示电路中的 C_1 及 C_2 就是为防止自激振荡而必须加的防振电容。

④ 在三端集成稳压器的输入、输出端接保护二极管,可防止输入电压突然降低时,输出电容迅速放电引起三端集成稳压器的损坏。

⑤ 为确保输出电压的稳定性,应保证三端集成稳压器的最小输入、输出电压差不低于 2 V,同时又要注意最大输入、输出电压差范围不超出规定范围。

⑥ 为了扩大输出电流,三端集成稳压器允许并联使用。

⑦ 在使用可调式稳压器时,为减小输出电压纹波,应在稳压器调整端与地之间接入一个 $10 \mu F$ 电容器。

1.4.9 传感器

传感器是指能感受被测量(如物理、化学、生物等非电量)并按照一定的规律转换成可用输出信号的器件或装置,以满足信息的传输、处理、存储、显示、记录和控制等要求。传感器是实现自动检测和自动控制的首要环节,通常由敏感元件和转换元件组成。

1）传感器的种类

传感器种类繁多,分类也不尽相同,最常用的是按照传感器所检测的物理量来分类,可分为光传感器、磁传感器、温度传感器、超声波传感器、湿度传感器、压力传感器、速度传感器等。

2) 传感器的主要技术指标

传感器的主要技术指标包括测量范围、量程、精确度、分辨力、灵敏度、稳定度、线性度、热零点漂移等。传感器的参数指标决定了传感器的性能及选用原则。

（1）测量范围

在允许误差限内被测量值的范围。

（2）量程

测量范围上限值和下限值的代数差。

（3）精确度

被测量的测量结果与真值间的一致程度。

（4）重复性

在相同条件下，对同一被测量进行多次连续测量所得结果之间的符合程度。

（5）分辨力

传感器在规定测量范围内可能检测出的最小被测输入量值。

（6）阈值

能使传感器输出端产生可测变化量的最小被测输入量值。

（7）灵敏度

传感器的输出变化量与引起此变化的输入变化量之比。

（8）稳定度

稳定度是指传感器在规定条件下，保持其特性恒定不变的能力。

（9）线性度

线性度是指校准曲线与某一规定一致的程度。

（10）热零点漂移

也叫温漂，是由于周围温度变化而引起的零点漂移。

3) 温度传感器

温度传感器是指能够把温度的变化转化为电量（如电压、电流、阻抗等）变化的传感器。常用的温度传感器有热电阻、热敏电阻、PN 结、热电偶以及集成温度传感器等，如图 1.4.23 所示为各种温度传感器。将温度变化转换为电阻变化的传感器主要有热电阻和热敏电阻；将温度变化转换为电势的传感器主要有热电偶和 PN 结式传感器；将热辐射转换为电学量的器件有热电探测器、红外探测器等。

(a)铂热电阻　　　　(b)热敏电阻　　　(c)热电偶　　(d)集成温度传感器

图 1.4.23　温度传感器

（1）热电阻

金属材料的电阻率随温度变化而变化，其电阻值也随温度变化而变化，并且当温度升高时阻值增大,温度降低时阻值减小。目前使用较多的热电阻材料是铂、铜和镍。铂热电阻一般用作高温度标准和高精度的工业测量;铜热电阻性价比高,广泛用于测量精度不高、测量范围不大的场合,其缺点是电阻率低、体积大,超过 100 ℃ 易氧化。

（2）热敏电阻

热敏电阻是利用半导体的电阻随温度变化的特性制成的测温元件。按其阻值温度系数分为正温度系数型(PTC)和负温度系数型(NTC)。热敏电阻具有电阻率高、灵敏度高、功耗小、体积小等优点,其缺点是阻值与温度的关系呈非线性,元件的稳定性和互换性较差,容易因为自热而引起测量误差。

（3）热电偶

热电偶是温度测量中常用的测温元件,由两根不同材料的导体组成,焊接在一起的一端称为热端(也称测量端),放入测温点;未连接在一起的两个自由端称为冷端(也称参比端),与测量仪表引出的导线相连。当两导体接点之间存在温差时,回路中便产生热电势,因而在回路中形成一定的电流,从而测出被测点温度。

（4）集成温度传感器

集成温度传感器是把感温元件(常为 PN 结)与放大、运算和补偿等电路采用微电子技术和集成工艺集成在一片芯片上,从而构成集测量、放大、电源供电回路于一体的高性能的测温传感器。由于 PN 结不能耐高温,因此集成温度传感器通常测量 150 ℃ 以下的温度。集成温度传感器具有体积小、线性好、反应灵敏等优点,应用十分广泛。集成温度传感器可分为模拟型集成温度传感器和数字型集成温度传感器。

4）光电传感器

光电传感器是将光信号(红外光、可见光、紫外光及激光)转换成电信号的传感器。光电传感器可用于检测直接引起光量变化的非电量,如光强、光照度、辐射测温、气体成分分析等;也可用来检测能转换成光量变化的其他非电量,如零件直径、表面粗糙度、应变、位移、振动、速度、加速度,以及物体的形状、工作状态的识别等。光电式传感器具有非接触、响应快、性能可靠等特点,因此在工业自动化装置和机器人中获得广泛应用。常见的光电传感器有光电管、光敏电阻、光敏二极管、光敏三极管、光电池等。

光电传感器按光电效应分为外光电效应和内光电效应,其中内光电效应又分为光电导效应和光生伏特效应。

（1）外光电效应器件

外光电效应器件是利用物质在光照下发射电子在回路中形成光电流即外光电效应制成的光电器件,一般都是真空或充气的光电器件。基于外光电效应的光电元件有:光电管、光电倍增管、紫外光电管、光电摄像管等。

（2）光电导效应器件

光电导效应器件是指物体在一定波长光照作用下,导电性能随之发生改变的光电器件。光敏电阻是基于光电导效应的器件,其阻值随光照增强而减小。光敏电阻的阻值变化与光照波长有关,应用时应根据光波波长合理选择不同材料的光敏电阻。根据光敏电阻的光谱特性和工作波长分为紫外光敏电阻、红外光敏电阻和可见光光敏电阻。光敏电阻无极性之分,使用时在两电极加上恒定的直流或交流电压均可。

光敏电阻的管芯是一块安装在绝缘衬底上带有两个欧姆接触电极的光电导体。光电导体一般都做成薄层,为了获得高的灵敏度,光敏电阻的电极一般采用梳状图案。

（3）光生伏特效应器件

光生伏特效应器件是指在光线作用下，能产生一定方向电动势的光电器件。基于光生伏特效应的器件有光敏二极管、光敏三极管和光电池。

① 光敏二极管

光敏二极管也称光电二极管。光敏二极管与半导体二极管在结构上是类似的，其管芯是一个具有光敏特征的 PN 结，具有单向导电性，因此工作时需加上反向电压。无光照时，有很小的饱和反向漏电流，即暗电流，此时光敏二极管截止；当受到光照时，饱和反向漏电流大大增加，形成光电流，它随入射光强度的变化而变化，因此可以利用光照强弱来改变电路中的电流。常见的光敏二极管有 2CU、2DU 等系列。

② 光敏三极管

光敏三极管又称光电三极管，它有两个 PN 结，和普通三极管相似，也有电流放大作用，只是其集电极电流不只是受基极电路和电流控制，同时也受光辐射的控制。当具有光敏特性的 PN 结受到光辐射时，形成光电流，由此产生的光生电流由基极进入发射极，从而在集电极回路中得到一个放大了相当于 β 倍的信号电流。不同材料制成的光敏三极管具有不同的光谱特性，与光敏二极管相比，具有很大的光电流放大作用，即很高的灵敏度。

光敏三极管的基极通常不引出，因此外形与光敏二极管很相似不易辨别，但也有一些光敏三极管的基极有引出，用于温度补偿和附加控制等作用。

光敏二极管与光敏三极管的区别如下所述。

a. 光电流不同：光敏二极管一般只有几微安到几百微安，而光敏三极管一般都在几毫安以上，至少也有几百微安，两者相差十倍至百倍。暗电流两者相差不大，一般都不超过 1 μA。

b. 响应时间不同：光敏二极管的响应时间在 100 ns 以下，而光敏三极管为 5～10 μs。因此，当工作频率较高时，应选用光敏二极管，只有在工作频率较低时，才选用光敏三极管。

c. 输出特性不同：光敏二极管有很好的线性特性，而光敏三极管的线性较差。

③ 光电池

光电池是利用光生伏特效应把光直接转变为电能的器件。由于它可将太阳能直接变为电能，又称为太阳能电池。它是发电式有源器件，有较大面积的 PN 结，当光照射在面积较大的光电池 P 区表面，产生光生电动势，光照越强，光生电动势就越大。光电池根据材料分为硒光电池、砷化镓光电池、硅光电池等，目前应用最广的是硅光电池。

5）红外传感器

红外辐射俗称红外线，是一种人眼看不见的光线，具有反射、折射、散射、吸收等性质。红外线的波长范围为 0.76～1 000 μm 的频谱范围，相对应的频率为 3×10^{11} ～ 4×10^{14} Hz。任何物体，只要其温度高于绝对零度，就有红外线向周围空间辐射。物体的温度越高，辐射出来的红外线越多，红外辐射的能量就越强，因此人们又将红外辐射称为热辐射或热射线。

红外传感器是指能将红外辐射能转换成电能的光敏器件。红外传感器测量时不与被测物体直接接触，因而不存在摩擦，可昼夜测量，不必设光源，适用于遥感技术，并且有灵敏度高、响应快等优点。红外传感器一般由光学系统、探测器、信号调理电路及显示单元等组成，其中探测器是核心部分。红外探测器种类很多,按探测机理的不同,通常可分为两大类,即热探测器和光子探测器。

(1) 热探测器

热探测器是利用探测元件吸收红外辐射而产生热能,引起温度升高,并借助各种物理效应把温升转换成电量的原理而制成的器件。热探测器主要有 4 种类型:热敏电阻型、热电阻型、高莱气动型和热释电型。其中,热释电探测器探测效率最高,频率响应最宽,所以这种传感器发展得比较快,应用范围也最广。热释电型与其他热敏型红外探测器的区别在于:后者利用敏感元件的温度升高值来测量红外辐射,响应时间取决于新的平衡温度的建立过程,时间比较长,不能测量快速变化的辐射信号;热释电型探测器所利用的是温度变化率,因而能探测快速变化的辐射信号。热释电型传感器常用于根据人体红外感应实现自动电灯开关、自动水龙头开关、自动门开关、报警器等领域。

(2) 光子探测器

光子探测器是利用光子效应进行工作的探测器。所谓光子效应,是当有红外线入射到某些半导体材料上时,红外辐射中的光子流与半导体材料中的电子相互作用,改变了电子的能量状态,引起各种电学现象。通过测量半导体材料中电子性质的变化,可知红外辐射的强弱。实际上这里所说的光子效应与前面介绍的光电传感器的光电效应原理是一回事,这里不再赘述。

6) 气敏传感器

气敏传感器是一种检测特定气体的传感器。它将气体种类及其与浓度有关的信息转换成电信号,根据这些电信号的强弱就可以获得与待测气体在环境中的存在情况有关的信息,从而可以进行检测、监控、报警;还可以通过接口电路与计算机组成自动检测、控制和报警系统。

气敏传感器按构成材料可分为半导体和非半导体两大类。目前实际使用最多的是半导体气敏传感器。

半导体气敏传感器利用半导体气敏元件同气体接触,造成半导体的电导率等物理性质发生变化的原理来检测特定气体的成分或者浓度。半导体气敏传感器的敏感元件采用了金属氧化物材料,分为 N 型、P 型和混合型 3 种,N 型材料有氧化锡、氧化铁、氧化锌、氧化钨等;P 型材料有氧化钴、氧化铅、氧化铜、氧化镍等;混合型还掺入了催化剂,如钯(Pd)、铂(Pt)、银(Ag)等。

半导体气敏传感器按照半导体变化的物理特性又可分为电阻型和非电阻型。电阻型半导体气敏元件利用敏感材料接触气体时,其阻值的变化来检测气体的成分或浓度;非电阻型半导体气敏元件是利用其他参数,如二极管伏安特性和场效应晶体管的阈值电压变化来检测被测气体的。

7) 磁敏传感器

磁敏传感器是基于磁电转换原理的传感器。磁敏传感器主要有磁敏电阻、磁敏二极管、磁敏三极管和霍尔式磁敏传感器(即霍尔传感器)4 种类型。

(1) 磁敏电阻

磁敏电阻是基于磁阻效应的磁敏元件,也称 MR 元件。磁阻效应是给通以电流的金属或半导体材料的薄片加以与电流垂直或平行的外磁场,则其电阻值就会增加的现象。

磁敏电阻的应用范围比较广,可以利用它制成磁场探测仪、位移和角度检测器、安培计以及磁敏交流放大器等。

（2）磁敏二极管和磁敏三极管

霍尔元件和磁敏电阻均是用 N 型半导体材料制成的体型元件。磁敏二极管和磁敏三极管是 PN 结型的磁电转换元件，它们具有输出信号大、灵敏度高（磁灵敏度比霍尔元件高数百甚至数千倍）、工作电流小、能识别磁场的极性、体积小、电路简单等特点，它们比较适合用于磁场、转速、探伤等方面的检测和控制。

① 磁敏二极管

磁敏二极管的 P 型和 N 型电极由高阻材料制成，利用磁敏二极管的正向导通电流随磁场强度的变化而变化的特性，即可实现磁电转换。当磁敏二极管正向偏置时，随着磁场大小和方向的变化，二极管两端可产生正负输出电压的变化，特别是在较弱的磁场作用下，可获得较大输出电压。而当磁敏二极管反向偏置时，二极管两端电压不会因受到磁场作用而有任何改变。

② 磁敏三极管

磁敏三极管在弱 P 型或弱 N 型本征半导体上用合金法或扩散法形成发射极、基极和集电极。当磁敏三极管未受到磁场作用时，基极电流大于集电极电流。当受到正向磁场作用时，集电极电流显著下降；当受到反向磁场作用时，集电极电流增大。

（3）霍尔传感器

霍尔传感器是基于霍尔效应的一种传感器。霍尔传感器广泛用于电磁、压力、加速度、振动等方面的测量。霍尔传感器的最大特点是非接触测量。

① 霍尔效应与霍尔元件

如图 1.4.24 所示，将半导体薄片置于磁感应强度为 B 的磁场中，磁场方向垂直于它，当有电流 I 流过它时，在垂直于电流和磁场的方向上将产生电动势 U_H，这种现象称为霍尔效应，该电势称为霍尔电势，半导体薄片称为霍尔元件。霍尔元件具有对磁场敏感、结构简单、体积小、频率响应宽、输出电压变化大和使用寿命长等优点，因此，在测量、自动化、计算机和信息技术等领域得到广泛的应用。

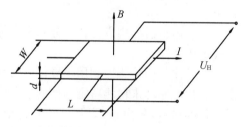

图 1.4.24 霍尔效应示意图

② 集成霍尔传感器

由于霍尔元件产生的电势差很小，故通常将霍尔元件与放大器电路、温度补偿电路及稳压电源电路等集成在一个芯片上，称为集成霍尔传感器，简称霍尔传感器。

集成霍尔传感器可分为线性型和开关型两大类。前者输出模拟量，后者输出数字量。

a. 霍尔线性集成传感器。霍尔线性集成传感器是将霍尔元件和恒流源、线性差动放大器等做在一个芯片上，它的输出为模拟电压信号，并且与外加磁感应强度呈线性关系。因此霍尔线性集成传感器广泛用于对位置、力、重量、厚度、速度、磁场、电流等的测量或控制。较典型的线性型霍尔器件如 UGN3501 等。

b. 霍尔开关集成传感器。霍尔开关集成传感器是将霍尔元件、稳压电路、放大器、施密特触发器、OC 门（集电极开路输出门）等电路做在同一个芯片上。它能感知一切与磁信息有关的物理量，并以开关信号形式输出。该传感器广泛用于如点火系统、保安系统、转速、里程测定、机械设备的限位开关、按钮开关、电流的测定与控制、位置及角度的检测等。霍尔开关集成传感器具有使用寿命长、无触点磨损、无火花干扰、无转换抖动、工作频率高、温度特性好、能适应恶劣环境等优点。较典型的开关型霍尔器件如 UGN3020 等。

8) 湿敏传感器

湿敏传感器是指能够感受外界湿度变化,并通过器件材料的物理或化学性质变化,将湿度转化成有用信号的器件。湿敏传感器主要由两个部分组成:湿敏元件和转换电路,除此之外还包括一些辅助元件,如辅助电源、温度补偿、输出显示设备等。

湿敏传感器的种类繁多,按材料来分,有高分子材料、半导体陶瓷、电解质及其他材料;按工作原理来分,可分为电阻式和电容式两种。

(1) 电阻式湿敏传感器

电阻式湿敏传感器简称湿敏电阻,其湿敏元件由基体、电极和感湿层组成,通过感湿层吸附的水分子含量变化,从而使电极间的电导率上升或下降,其感湿特征量为电阻值。电阻式湿敏传感器根据使用的材料不同分为高分子型和陶瓷型。

电阻式湿敏传感器的优点在于:可以集中进行控制、便于遥测;不需要很大的检测空间;与数字电路匹配方便。

(2) 电容式湿敏传感器

电容式湿敏传感器是利用两个电极间的电介质随湿度变化引起电容值变化的特性而制成的。湿敏元件一般是用高分子薄膜电容制成的,常用的高分子材料有聚苯乙烯、聚酰亚胺、醋酸纤维等。当环境湿度发生改变时,湿敏电容的介电常数发生变化,使其电容量也发生变化,其电容变化量与相对湿度成正比。湿敏电容的主要优点是灵敏度高、产品互换性好、响应速度快、湿度的滞后量小、便于制造、容易实现小型化和集成化,其精度一般比湿敏电阻要低一些。

9) 超声波传感器

(1) 声波的分类

声波分为次声波、可闻声波和超声波。次声波是频率低于 20 Hz 的声波,人耳听不到,但可与人体器官发生共振,7～8 Hz 的次声波会引起人的恐怖感,动作不协调,甚至导致心脏停止跳动。可闻声波是人耳能听见的声波,频率范围为 20 Hz～20 kHz,人们平时所指的“声音”就是指的可闻声波。超声波是频率高于 20 kHz 的声波,因其频率下限大于人的听觉上限而得名,具有方向性好、穿透能力强、易于获得较集中的声能、在水中传播距离远等特点,可用于测距、测速、清洗、焊接、碎石、杀菌消毒等,在医学、军事、工业、农业上有很多的应用。

(2) 超声波传感器

超声波是一种振动频率高于 20 kHz 的机械波,它是由换能晶片在电压的激励下发生振动产生的,具有频率高、波长短、绕射现象小,特别是方向性好、能够成为射线而定向传播等特点。超声波对液体、固体的穿透本领很大,尤其是在不透明的固体中,它可穿透几十米的深度。超声波碰到杂质或分界面会产生显著反射,碰到活动物体能产生多普勒效应。基于超声波特性研制的传感器称为“超声波传感器”,广泛应用于工业、国防、生物医学等方面。

(3) 超声波探头

超声波探头按其工作原理可分为压电式、磁致伸缩式、电磁式等,检测技术中主要采用压电式。压电式超声波的探头结构如图 1.4.25 所示，它主要由压电晶片、吸收块(阻尼块)、保护膜、引线等组成。压电式超声波探头常用的材料是压电晶体和压电陶瓷，这种传感器统称为压电式超声波探头，它是利用压电材料的压电效应来工作的：逆压电效应将高频电振动转换成高频机械振动，从而产生超声波，可作为发射探头；而正压电效应是将超声振动波转换成电信号，可作为接收探头。

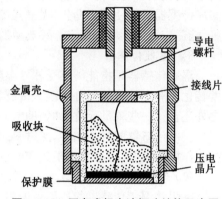

图 1.4.25　压电式超声波探头结构示意图

超声波探头有许多类型，可分为直探头、斜探头、双探头、水浸探头、聚集探头、空气传导探头、表面波探头、兰姆波探头以及其他专用探头等。它们的常用频率范围为 0.5～10 MHz，常见晶片直径为 5～30 mm。

（4）超声波传感器的应用

① 在医学上的应用

超声波在医学上的应用主要是诊断疾病，它已经成为临床医学中不可缺少的诊断方法。超声波诊断的优点：对受检者无痛苦、无损害，方法简便、显像清晰、诊断的准确率高等。

② 在测量液位上的应用

超声波测量液位的基本原理：由超声波探头发出的超声脉冲信号在气体中传播，遇到空气与液体的界面后被反射，接收到回波信号后计算其超声波往返的传播时间，即可换算出距离或液位高度。超声波测量方法有很多其他方法不可比拟的优点：

a. 无任何机械传动部件，也不接触被测液体，属于非接触式测量，不怕电磁干扰，不怕酸碱等强腐蚀液体等，因此性能稳定、可靠性高、寿命长。

b. 其响应时间短，可以方便地实现无滞后的实时测量。

③ 在测距系统中的应用

超声波测距大致有以下方法：

a. 取输出脉冲的平均值电压，该电压(其幅值基本固定)与距离成正比，测量电压即可测得距离。

b. 测量输出脉冲的宽度，即发射超声波与接收超声波的时间间隔 t，故被测距离为 $s = \frac{1}{2}vt$。　如果测距精度要求很高，那么应通过温度补偿的方法加以校正。超声波测距适用于高精度的中长距离测量。

④ 在对金属无损探伤中的应用

人们在使用各种材料(尤其是金属材料)的长期实践中，观察到大量的断裂现象，它曾给人类带来许多灾难事故，涉及舰船、飞机、轴类、压力容器、宇航器、核设备等。对缺陷的检测手段有破坏性试验和无损探伤。由于无损探伤以不损坏被检验对象为前提，因此得到广泛应用。无损检测的方法有磁粉检测法、电涡流法、荧光染色渗透法、放射线(X 射线、中子)照相检测法、超声波探伤法等。超声波探伤是目前应用十分广泛的无损探伤手段。它既可检测材料表面的缺陷，又可检测内部几米深的缺陷，这是 X 射线探伤所达不到的深度。

目前，超声波技术用于设备状态监测方面主要是监测设备构件内部及表面缺陷，或用于压力容器或管道壁厚的测量等方面。监测时，把探头放在试品表面，探头或测试部位应涂水、油或甘油等,以使两者紧密接触。然后,通过探头向试件发射纵波(垂直探伤)或横波(斜向探伤),并接收从缺陷处传回的反射波,由此对其故障进行判断。

超声波传感器还利用多普勒效应用于测量车速、风速;利用液体中气泡破裂所产生的冲击波来进行高效清洗;超声波加湿器、雾化器是利用换能器将高频振荡脉冲产生的电能转换为机械能,将水雾化为微米级的超微粒子,再通过风动装置将水雾化扩散到室内空间。

1.5 电子电路安装技术

电子电路的安装与调试在电子技术中是非常重要的。这是把原理设计转变成产品的过程,也是对理论设计做出检验、修改和完善的过程。一个好的设计方案都是安装、调试后再经过多次修改才得到的。

1.5.1 面包板、万能板和印制电路板的使用

电子电路的安装技术主要分为以下几种。

(1)电路板的焊接。在电子工业中,焊接技术应用极为广泛,它不需要复杂的设备和高昂的费用,就可将多种元器件连接在一起。

(2)面包板上插接。使用面包板做实验非常方便,容易更换线路和器件,而且可以多次使用。但多次使用容易使插孔变松,造成接触不良。

(3)万能板上焊接。综合了以上两种技术的优点,使用灵活,适用于各种标准集成电路,通过焊接连接,可靠方便。

1) 面包板

面包板是由于板子上有很多小插孔,很像面包中的小孔,故得名"面包板",如图 1.5.1 所示。使用面包板时只需将元件引脚和硬电线裸露的金属线头(现在已有专门用于面包板连接的专用连接线,见图 1.5.2)插入孔中就可完成电路连接,使用方便。

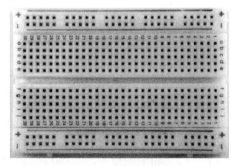

图 1.5.1 面包板外观图

图 1.5.2 面包板专用连接线

整板使用热固性酚醛树脂制造,板底有金属条,在板上对应位置打孔使得元件插入孔中时能够与金属条接触,从而达到导电的目的,面包板结构如图 1.5.3 所示。

为防止集成电路芯片受损,在面包板上插入或拔出时要非常小心。插入时,应使器件的方向一致,使所有引脚都对准面包板上的小孔,均匀用力按下;拔出时,最好使用专用起拔钳

(图 1.5.4),夹住集成块两头,垂直往上拔起,或用小起子对撬,以免其受力不均匀使引脚弯曲或断裂。

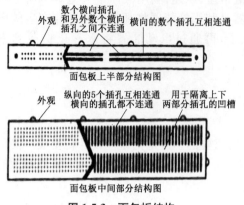

面包板上半部分结构图

面包板中间部分结构图

图 1.5.3　面包板结构

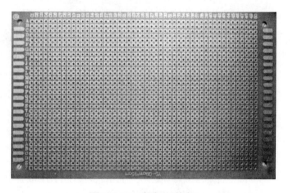

图 1.5.4　起拔钳

2）万能板

万能板是一种按照标准 IC 间距(2.54 mm)布满焊盘,可按自己的意愿插装元器件及连线的印制电路板,图 1.5.5 所示为一个空白的万能板。万能板没有特定的用途,可以用于制作任何电路,板上的小孔是孤立的,元器件可以插在上面,然后焊接,再把导线焊上。

图 1.5.5　空白万能板

3）印制电路板

印制电路板(Printed Circuit Board, PCB)又称印刷电路板、印刷线路板,是重要的电子部件,是电子元器件的支撑体,是电子元器件电气连接的提供者。由于它是采用电子印刷术制作的,故被称为"印刷"电路板。PCB 按电路层数可以分为 3 种类型,即单面板、双面板和多层板,如图 1.5.6(a)、(b)、(c)所示。

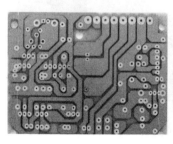

（a）单面板

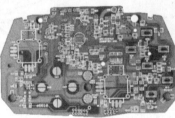

（b）双面板

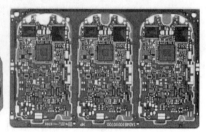

（c）多层板

图 1.5.6　印制电路板实物图

1.5.2 电子电路布线的原则

实践证明,虽然元器件完好,但由于布线不合理,也可能造成电路工作失常。

一般布线原则如下:

(1)布线前,要弄清管脚或集成电路各引出端的功能和作用。尽量使电源线和地线靠近电路板的周边,以起一定的屏蔽作用。

(2)应按电路原理图中元器件图形符号的排列顺序进行布线。多级实验电路要尽量呈一条直线布局。

(3)所有导线的直径应和面包板的插孔粗细相匹配,太粗会损坏面包板插孔内的簧片,太细会导致接触不良;所用导线最好分色,以区分不同的用途,即正电源、负电源、地、输入与输出用不同颜色导线加以区分,如习惯上正电源用红色导线、地线用黑色导线等。

(4)布线一般先接电源线、地线等固定电平连接线,然后按信号传输方向依次接线并尽可能地使连线贴近面包板。

(5)信号电流强与弱的引线要分开;输出与输入信号引线要分开;应避免两条或多条引线互相平行;在集成电路芯片上方不得有导线(或元件)跨越。

1.6 电子电路的调试与故障分析

1.6.1 电子电路的调试

在电子电路设计和安装过程中,需要利用符合指标要求的各种电子测量仪器,如示波器、万用表、信号发生器等,对安装好的电路或电子装置进行调整和测量,以检测设计电路的正确与否和发现设计与安装中的问题,继而通过采取相应的改进措施使所设计的电路达到预期的技术指标,这个过程称为电子电路的调试。

一般来说,电子电路调试包括通电前的检查、通电检查、分块调试和整机联调等几个方面。

1) **通电前的检查**

电路安装完毕后,通电前应先对照电路图认真检查电路是否正确,有无错接、漏接或多接等。尤其需要注意检查电源电压,电源电压必须可靠地接入电路,电源正负极不能接反或短路,以免通电后烧坏器件。

电路连线检查完毕后,还需检查元器件连线,包括集成芯片有无插反或接触不良的情况,集成芯片是否严格按照管脚图进行连线,二极管、三极管、电解电容等有极性元器件的正负极有无错接。

通电前,还应将电源与电路间的连线断开,准确调节电源电压到所需大小,再将电源断开后接入电路。

2) **通电检查**

通电后首先应当仔细观察有无异常现象,包括是否有冒烟、有无异常气味出现、手摸元器件是否发烫、是否有电源短路等。若有异常现象出现,则应立即切断电源,重新检查线路,排除故障。

3) 分块调试

在调试规模较大的电路时,可先将电路按照功能的不同分成几个部分(单元),按照信号的流向对这几个部分进行局部调试,局部调试无误后再进行整机联调。分块调试可分为静态调试和动态调试两种方式。

(1) 静态调试

正确的直流工作状态是电子电路正常工作的基础,静态调试即电路只加上电源电压而不加输入信号时对电路的测试与调整过程。如测量与调整模拟电路的静态工作点,通过测量各个输入端和输出端的高低电平值来判定数字电路中各个输入与输出之间的逻辑关系等。

通过静态调试不仅可以确定元器件的好坏,还可以帮助我们准确判断各部分电路的工作状态。若发现并确认元器件已经损坏,则可及时更换。若发现元器件工作状态不正常,则可立即调整相关参数,使之符合要求。

(2) 动态调试

动态调试是在静态调试的基础上进行的。动态调试时需要加入合适的输入信号,然后沿着信号的走向检测各级的波形、参数和性能指标是否符合规范。若存在问题,则需调整电路参数直至满足要求为止。

4) 整机联调

各部分正确无误后进行整机联调时,不要急于观察电路的最终输出是否符合设计要求,而要先做一些简单的检查,如检查电源线是否连上、电路的前级输出信号是否加到后级输入上等。一般来说,只要各个功能模块之间的接口电路调试没有问题,再将整个电路全部接通,即可实现整机联调。

1.6.2 电子电路的故障分析

1) 电子电路的故障类型

在电子电路实验中,当电路达不到预期的逻辑功能时,就称为故障。出现故障是不可避免的,关键要能够分析问题,找到出现问题的原因,排除故障。电子电路产生故障的原因很多,通常有以下4种类型的故障,即器件故障、接线错误、电路设计错误和测试方法不正确。

(1) 器件故障

器件故障是因器件失效或器件接插问题引起的故障,表现为器件工作不正常。若检测器件确实已经损坏失效则要进行更换。而器件接插不当,如引脚折断、器件的某个(或某些)引脚没插到面包板中或与面包板接触不良等,也会使器件工作不正常。器件接插故障有时不易发现,需仔细检查,判断器件是否失效的方法是采用集成电路测试仪进行测试。

(2) 接线错误

接线错误是最常见的错误。在实验过程中,绝大多数的故障是由于接线错误引起的。

常见的接线错误包括：器件的电源和地漏接或接反；连线与面板上插孔接触不良；连线内部线断开；连线多接、漏接、错接；连线过长、过乱，造成干扰。

接线错误造成的现象多种多样。例如，器件的某个功能模块不工作或工作不正常，器件不工作或发热，电路中一部分工作状态不稳定等。因此，必须熟悉所用器件的功能及其引脚号，掌握器件每个引脚的功能；认真反复检查器件的电源和地的连接是否正确；检查连线和面包板插孔接触是否良好，特别是集成芯片有无弹起、元器件管脚是否牢固地插入面包板插孔中（元器件管脚插入面包板 8 mm 左右，既不要太长也不要太短）；检查连线有无错接、多接、漏接、连线中有无断线。对于初学者来说，最好在接线前画出实际电路接线图，按图接线，切勿仅凭记忆随想随接；接线要规范、整齐，接线时尽量按照信号的走向连线，尽量走直线、短线，以免引起干扰。

（3）电路设计错误

为防止电路设计错误的出现，实验前一定要认真理解实验要求，掌握实验原理，查找所用器件相关原理资料，精心设计，画好逻辑图及接线图。

（4）测试方法不正确

有时测试方法不正确也会引起错误。例如，一个稳定的波形，若用示波器观测，则需将示波器调好同步，否则可能会造成波形不稳的假象，因此必须熟练掌握各种仪器仪表的正确使用方法。在电子电路实验中正确使用示波器尤其重要。此外，在对电子电路的测试过程中，测试仪器、仪表加到被测电路上后，对被测电路来说相当于一个负载，因此在测试过程中也有可能引起电路本身工作状态的改变，这一点应引起足够的重视。

2）常见的故障检查方法

实验中发现结果与预期不一致时，应仔细观察现象，冷静思考分析。首先检查用于测量的仪器、仪表的使用是否得当。在确认仪器、仪表使用无误后，按照逻辑图和接线图逐级查找，通常从开始发现问题的模块单元，逐级向前测试，直到找出故障的初始位置。在故障的初始位置处，首先检查连线是否正确，包括连线、元器件的极性及参数、集成芯片的安装是否符合要求等。接着测量元器件接线端的电源电压，若是用面包板，实验出现故障时应检查是否因接线端接触不良而导致元器件本身没有正常工作。最后，可断开故障模块输出端所接的负载，判断故障是来自模块本身还是来自负载。确认接线无误后，可检查器件使用是否得当或是否已经损坏，包括引脚是否正确插进插座，有无引脚折断、弯曲、错插问题。确认无上述问题后，取下器件测试，以检查器件好坏，或者直接更换一个新器件。若经过上述检查均没有问题，则应当考虑设计是否存在问题。

综上所述，常用的排除故障方法有以下几种：

（1）重新查线法。由于在实验中绝大部分故障都是连线错误引起的，因此，产生故障后，应着重检查有无漏线、错线，导线与插孔接触是否可靠，集成电路是否插牢、是否插反等。

（2）测量法。用万用表、示波器等直接测量各集成模块的 V_{cc} 端是否加上电源电压，然后把输入信号、时钟脉冲等加到实验电路上，观察输出端有无反应。针对某一故障状态，用万用表测试各输入/输出端的直流电平，从而判断是否是由于集成模块引脚连线等造成的故障。

（3）信号注入法。在电路的每一级输入端加上特定信号,观察该级输出响应,从而确定该级是否存在故障,必要时可以切断周围连线,避免相互影响。

（4）信号寻迹法。在电路的输入端加上特定信号,按照信号流向逐级检查是否有响应,必要时输入不同信号进行测试。

（5）替代法。对于怀疑有故障的元器件可以更换器件,以便快速判断出故障部位。

（6）动态逐级跟踪检查法。对于时序电路,可输入时钟信号,按信号流向依次检查各级波形,直到找出故障点为止。

（7）断开反馈线检查法。对于含有反馈线的闭合电路,应该设法断开反馈线进行检查,或进行状态预置后再检查。

总之,寻找并排除故障的方法是多种多样的,要根据现实情况灵活运用。若要能快速有效地检测和排除故障,不仅要有扎实的理论知识,更重要的是要积累实践经验,只有在实践中不断总结积累经验,才能既好又快地排除故障,提高实践能力。

第2章
模拟电子技术实验

2.1 结型场效应管放大电路

2.1.1 实验目的

（1）了解结型场效应管的性能和特点。
（2）进一步熟悉放大器动态参数的测试方法。

2.1.2 预习要求

（1）复习结型场效应管放大电路的理论知识。
（2）复习放大器中静态工作点，电压放大倍数和输入、输出电阻的测量方法。

2.1.3 实验原理

场效应管是利用电场来控制半导体中多数载流子运动的一种电压控制型半导体器件。按结构分为结型和绝缘型两种类型。由于场效应管栅源之间处于绝缘或反向偏置，因此输入电阻高达上百兆欧。它具有热稳定性好、抗辐射能力强、噪声系数小等特点，加之制造工艺比较简单、便于大规模集成、耗电少、成本低，因此在大规模集成电路中占有极其重要的地位。

（1）结型场效应管的特性和参数

场效应管的特性主要有输出特性和转移特性。如图 2.1.1 所示为 N 沟道结型场效应管 3DJ6F 的输出特性和转移特性曲线。直流参数主要有饱和漏极电流 I_{DSS}、夹断电压 U_P 等；交流参数主要有低频跨导。表 2.1.1 是 3DJ6F 的典型参数值及测试条件。

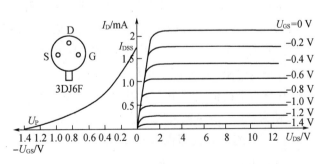

图 2.1.1 3DJ6F 的输出特性和转移特性曲线

表 2.1.1　3DJ6F 典型参数值及测试条件表

参数条件	饱和漏极电流 I_{DSS}/mA	夹断电压 U_P/V	跨导 g_m/(μA/V)
测试条件	$U_{DS}=10$ V, $U_{GS}=0$ V	$U_{DS}=10$ V, $I_{DS}=50$ μA	$U_{DS}=10$ V, $I_{DS}=3$ mA, $f=1$ kHz
参数值	1～3.5	<|-9|	>1 000

（2）场效应管放大电路性能分析

如图 2.1.2 所示为结型场效应管组成的共源极放大电路，与晶体管放大电路类似，要使电路正常工作，必须设置合适的静态工作点，以保证信号整个周期均工作在恒流区，其静态工作点为

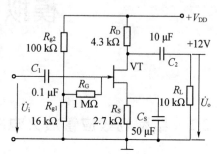

图 2.1.2　结型场效应管共源极放大电路

$$U_{GS}=U_G-U_S=\frac{R_{g1}}{R_{g1}+R_{g2}}V_{DD}-I_DR_S$$

$$I_D=I_{DSS}\left(1-\frac{U_{GS}}{U_P}\right)^2 \qquad (2.1.1)$$

中频电压放大倍数

$$A_u=-g_mR_L'=-g_m(R_D/\!/R_L) \qquad (2.1.2)$$

式中，g_m 可由特性曲线用作图法求得或用公式 $g_m=-\frac{2I_{DSS}}{U_P}\left(1-\frac{U_{GS}}{U_P}\right)$ 计算。注意计算时 U_{GS} 要用静态工作点的数值。

输入电阻　　　　　$$R_i=R_G+\frac{R_{g1}R_{g2}}{R_{g1}+R_{g2}} \qquad (2.1.3)$$

输出电阻　　　　　$$R_o\approx R_D \qquad (2.1.4)$$

（3）输入电阻 R_i 的测量方法

输入电阻 R_i 的测量，从原理上讲，也可以采用输入换算法，但由于场效应管的 R_i 比较大，如直接测输入电压 U_S 和 U_i，则测量仪器的输入电阻（即内阻）有限，必然会带来较大的误差。因此为了减小误差，常利用被测放大器本身的隔离作用，通过测量输出电压 U_o 来计算输入电阻，测量电路如图 2.1.3 所示。

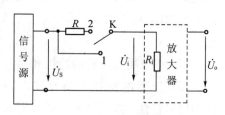

图 2.1.3　输入电阻测量电路

在放大器的输入端串入电阻 R，把开关 K 掷向位置 1（使 $R=0$），测量放大器的输出电压 $U_{o1}=A_uU_S$；再把 K 掷向位置 2（即接入 R），需保持原 U_S 不变，测量放大器的输出电压 U_{o2}。由于两次测量中 A_u 和 U_S 保持不变，故 $U_{o2}=A_uU_i=\frac{R_i}{R+R_i}U_SA_u=\frac{R_i}{R+R_i}U_{o1}$。

由此可以求出 $R_i = \dfrac{U_{o2}}{U_{o1} - U_{o2}} R$，式中 R 和 R_i 不要相差太大，本实验可取 R 为 $100 \sim 200\ \mathrm{k\Omega}$。

2.1.4　实验仪器和器材

(1) 示波器 1 台；(2) 交流电压表 1 只；(3) 双路直流稳压电源 1 台；(4) 函数发生器 1 台；(5) 实验箱 1 台；(6) 3DJ6F 1 只；(7) 万用表 1 只。

2.1.5　实验内容与方法

1)　静态工作点的调整与测量

按图 2.1.2 所示电路连接线路，令 $U_i = 0$，接通 $+12\ \mathrm{V}$ 电压，用直流电压表测量 U_G、U_S 和 U_D，检查静态工作点是否在特性曲线放大区的中间（U_{DS} 在 $4 \sim 8\ \mathrm{V}$ 之间，U_{GS} 在 $-1 \sim -0.2\ \mathrm{V}$ 之间），若不合适，应调整 R_{g2} 和 R_S，调整好后把 U_G、U_S 和 U_D 的测量结果填入表 2.1.2 中。

表 2.1.2　数据记录表（一）

测量值			计算值		
U_G/V	U_S/V	U_D/V	U_{DS}/V	U_{GS}/V	I_D/mA

2)　电压放大倍数 A_u、输入电阻 R_i 和输出电阻 R_o 的测量

(1) A_u 和 R_o 的测量

在放大器的输入端加入 $f = 1\ \mathrm{kHz}$ 的正弦信号 $U_i \approx 50 \sim 100\ \mathrm{mV}$（有效值），用双踪示波器观察输入、输出信号（$U_i$、$U_o$）的波形，在 U_o 波形没有失真的条件下，用交流毫伏表分别测量 $R_L = \infty$ 和 $R_L = 10\ \mathrm{k\Omega}$ 时的输出电压 U_o（注意：保持 U_i 幅度不变），记入表 2.1.3 中。用测量值计算 R_o，记录 U_i、U_o 的波形并分析它们之间的相位关系。

$$R_o = \left(\dfrac{U_o'}{U_o} - 1 \right) R_L \tag{2.1.5}$$

$$A_u = \dfrac{U_o}{U_i} \tag{2.1.6}$$

表 2.1.3　数据记录表（二）

参　数	测量及计算值				理论计算值	
	U_i/V	U_o/V	$A_u = U_o/U_i$	$R_o/\mathrm{k\Omega}$	A_u	$R_o/\mathrm{k\Omega}$
$R_L = \infty$						
$R_L = 10\ \mathrm{k\Omega}$						

注：理论计算值取 $U_{DS} = 4\ \mathrm{V}$。

（2）R_i 的测量

按照如图 2.1.3 所示的电路接线，选择合适大小的输入电压 U_S（50～100 mV 有效值），将开关 K 掷向位置 1，测出 $R=0$ 时的输出电压 U_{o1}，然后将开关 K 掷向 2（接入 R），保持 U_S 不变，再测出 U_{o2}，根据公式 $R_i = \dfrac{U_{o2}}{U_{o1}-U_{o2}}R$，求出 R_i，记入表 2.1.4 中。

表 2.1.4　数据记录表（三）

测量值			计算值
U_{o1}/V	U_{o2}/V	$R_i/k\Omega$	$R_i/k\Omega$

（3）测量电路最大不失真输出电压。

2.1.6　实验报告要求

（1）整理测试数据，将由测量值计算出来的 A_u、R_i、R_o 和理论计算值进行比较，并对数据进行相应处理。

（2）通过对数据的总结，对场效应管工作在不同情况下的特点进行分析，进一步掌握场效应管电路的设计方法。

2.1.7　思考题

（1）将理论计算值 R_o 与测量得到的 R_o 进行比较，分析误差产生的原因。

（2）场效应管放大器输入端耦合电容 C_1 选用较小容量（0.1 μF），而晶体管放大器的 C_1 为什么要选择比 0.1 μF 大得多的电容？

（3）对比分析场效应管与晶体管分别组成的放大电路在性能上有何异同。

（4）测量静态工作点电压 U_{GS} 时能否直接用电压表跨接在 G、S 之间进行测量？为什么？

（5）为什么测量场效应管输入电阻时要采用测量输出电压的方法？

2.2　单级低频电压放大电路

2.2.1　实验目的

（1）通过设计与实验掌握调整放大器静态工作点的方法，了解电路各元器件对静态工作点的影响。

（2）掌握放大器的电压增益、输入电阻、输出电阻和频率特性等主要技术指标的测量方法,以及电路各元件对这些技术指标的影响。

(3)掌握双踪示波器、晶体管特性图示仪、函数发生器、交流毫伏表、直流稳压电源和模拟实验箱的使用方法。

2.2.2 预习要求

(1)掌握小信号低频电压放大器静态工作点的选择原则和放大器主要性能指标的定义及其测量方法。

(2)复习射极偏置的单级共射低频放大器的工作原理(参见图 2.2.4)、静态工作点的估算及 A_u、R_i、R_o 的计算。

(3)在图 2.2.1 中标出各仪器与模拟实验底板间的正确连线。

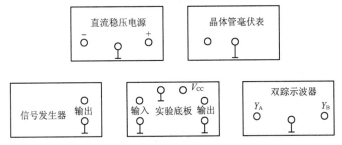

图 2.2.1 待连接的测量仪器与实验底板

2.2.3 实验原理

1) 静态工作点和偏置电路形式的选择

(1)静态工作点

放大器的基本任务是不失真地放大信号,放大器的静态工作点是由晶体管参数及放大器对应的直流偏置电路所决定,它的选取与设置影响到放大器的增益、失真、稳定等诸多方面,所以要使放大器能够正常工作,必须设置合适的静态工作点。

为了获得最大不失真的输出电压,静态工作点应该选在输出特性曲线上交流负载线中点的附近,如图 2.2.2 中的 Q 点。若工作点选得太高(如图 2.2.3 中的 Q_1 点)就会出现饱和失真;若工作点选得太低(如图 2.2.3 中的 Q_2 点)就会产生截止失真。

对于小信号放大器而言,由于输出交流幅度很小,非线性失真不是主要问题,因此 Q 点不一定要选在交流负载线的中点,可根据其他指标要求而定。例如在希望耗电小、噪声低、输入阻抗高时,Q 点就可选得低一些;如希望增益高,Q 点可适当选择高一些。

为使放大器建立一定的静态工作点,通常有固定偏置电路和射极偏置电路(或分压式电流负反馈偏置电路)两种可供选择。固定偏置电路结构简单,但当环境温度发生变化或更换晶体管时,Q 点会明显偏移,导致原先不失真的输出波形可能产生失真。而射极偏置电路(见图 2.2.4)则因具有自动调节静态工作点的能力,当环境温度发生变化或更换更好的晶体管时,能使 Q 点基本不变,因而得到广泛应用。

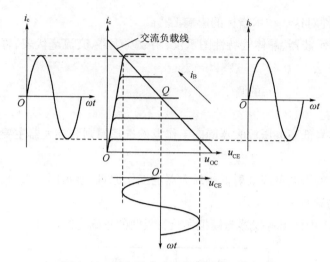

图 2.2.2　具有最大动态范围的静态工作点

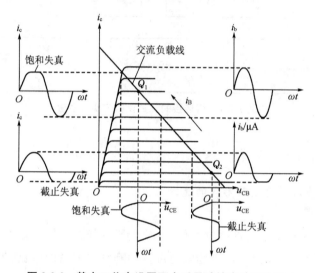

图 2.2.3　静态工作点设置不合适导致输出波形失真

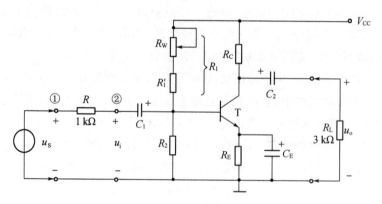

图 2.2.4　射极偏置电路

（2）静态工作点的测量

接通电源后，在放大器输入端不加交流信号，即 $u_i = 0$ V 时，测量晶体管静态集电极电流 I_{CQ} 和管压降 U_{CEQ}，其中 U_{CEQ} 可直接用万用表直流电压挡测量 c-e 极间的电压（或测 U_C 及 U_E，然后相减）得到，而 I_{CQ} 的测量有下述两种方法：

① 直接测量法：将万用表置于适当量程的直流电流挡，断开集电极回路，将两表棒串入回路中（注意正、负极性）测读。此法测量精度高，但比较麻烦。

② 间接测量法：用万用表直流电压挡先测出 R_C（或 R_E）上的电压降，然后由 R_C（或 R_E）的标称值算出 I_{CQ}（$I_{CQ} = U_{RC}/R_C$）或 I_{EQ}（$I_{EQ} = U_{RE}/R_E$）的值。此法简便，是测量中常用的方法。为减少测量误差应选用内阻较高的万用表。

2）放大器的主要性能指标及其测量方法

（1）电压增益 A_u

$\dot{A}_u$ 是指输出电压 $\dot{U}_o$ 与输入信号电压 $\dot{U}_i$ 之比值，即 $\dot{A}_u = \dfrac{\dot{U}_o}{\dot{U}_i}$，$A_u$ 是由交流毫伏表测出的输出电压有效值 U_o 和输入电压有效值 U_i 相除而得。

（2）输入电阻 R_i

R_i 是指从放大器输入端看进去的交流等效电阻，它等于放大器输入端信号电压 $\dot{U}_i$ 与输入电流 $\dot{I}_i$ 之比。即 $R_i = \dfrac{\dot{U}_i}{\dot{I}_i}$。若 R_i 大，则从信号源 U_s 索取的电流小，表明放大电路对信号源影响小且可获得大的 U_i；反之若 $R_i \ll R_s$，则 U_i 小；当 $R_i = R_s$ 时，放大电路可获得信号源最大的功率。

本实验采用换算法测量输入电阻。测量电路如图 2.2.5 所示。在信号源与放大器之间串入一个已知电阻 R_s，只要分别测出 U_s 和 U_i，即可得出输入电阻，即：

$$R_i = \frac{U_i}{I_i} = \frac{U_i}{(U_s - U_i)/R_s} = \frac{U_i}{U_s - U_i} R_s \tag{2.2.1}$$

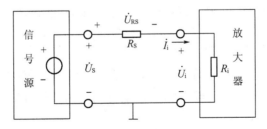

图 2.2.5　用换算法测量 R_i 的原理图

测量时应注意以下两点：

① 由于 R_s 两端均无接地点，而交流毫伏表通常是测量对地交流电压的，因此在测量 R_s 两端的电压时，必须先分别测量 R_s 两端的对地电压 U_s 和 U_i，再求其差值 $U_s - U_i$ 而得。

实验时，R_S 的数值不宜取得过大，以免引入干扰；但也不宜过小，否则容易引起较大误差。通常取 R_S 和 R_i 为同一个数量级。

② 在测量之前，交流毫伏表应该调零，并尽可能用同一量程挡测量 U_S 和 U_i。

（3）输出电阻 R_o

任何放大电路的输出都可等效为一个有内阻的电压源，从输出端看进去的等效内阻即为该放大电路的输出电阻 R_o。R_o 是指将输入电压源短路，从输入端向放大器看进去的交流等效电阻。它和输入电阻 R_i 同样都是对交流而言的，即都是动态电阻。R_o 的大小反映该电路带负载的能力，R_o 越小带负载能力越强。用换算法测量 R_o 的原理如图 2.2.6 所示。

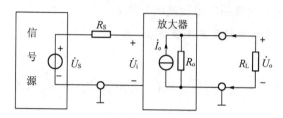

图 2.2.6 用换算法测量 R_o 的原理图

在放大器输入端加入一个固定信号电压 U_S，分别测量当已知负载 R_L 断开和接上时的输出电压 U_o 和 U_o'，则 $R_o = \left(\dfrac{U_o}{U_o'} - 1\right) R_L$。

（4）放大器的幅频特性

放大器的幅频特性是指在输入正弦信号时放大器的电压增益 A_u 随信号源频率而变化的稳态响应。当输入信号幅值保持不变时，放大器的输出信号幅度将随着信号源频率的高低而改变，即当信号频率太高或太低时，输出幅度都要下降，而在此频带范围内，输出幅度基本不变。通常称增益变为中频增益 A_{um} 的 0.707 倍时所对应的上限频率 f_H 和下限频率 f_L 之差为放大器的通频带。即

$$BW = f_H - f_L \qquad (2.2.2)$$

一般采用逐点法测量幅频特性，保持输入信号电压 U_i 的幅值不变，逐点改变输入信号的频率，测量放大器相应的输出电压 U_o，由 $\dot{A}_u = \dfrac{\dot{U}_o}{\dot{U}_i}$ 计算对应于不同频率下放大器的电压增益，从而得到该放大器增益的幅频特性。用单对数坐标纸将信号源频率 f 取对数分度、放大倍数 A_u 取线性分度，即可作出幅频特性曲线，也可利用扫频仪直接在屏幕上显示放大电路的 A-f 曲线，即通频带 BW。

2.2.4 实验仪器和器材

（1）晶体管特性图示仪 1 台；（2）示波器 1 台；（3）函数发生器 1 台；（4）直流稳压电源 1 台；（5）交流毫伏表 1 只；（6）实验箱 1 台；（7）万用表 1 只；（8）三极管 1 只；（9）阻容元件若干。

2.2.5　实验内容与方法

1）搭接电路

（1）检测元件：用万用表测量电阻的阻值和晶体管的 β 值，判断电容器的好坏。实验中可用万用表的 h_{FE} 挡直接测量晶体管的 β 值。

（2）装接电路：按照如图 2.2.4 所示的电路，在模拟实验箱的面包板上装接元件。要求元件排列整齐，密度匀称，避免相互重叠，连接线应短并尽量避免交叉，对电解电容器应注意接入电路时的正、负极性；元件上的标称值字符朝外以便检查；一个插孔内只允许插入一根接线。

（3）仔细检查：对照电路图检查是否存在错接、漏接或接触不良等现象，并用万用表电阻挡检查电源端与接地点之间有无短路现象，以避免烧坏电源设备。

2）连接仪器

用探头和接插线将信号发生器、交流毫伏表、示波器、稳压电源与实验电路的相关接点正确连接起来，并注意以下两点：

（1）各仪器的地线与电路的接地端应公共接地。

（2）稳压电源的输出电压应预先调到所需电压值（用万用表测量），再接到实验电路中。

3）研究静态工作点变化对放大器性能的影响

（1）调整 R_W，使静态集电极电流 $I_{CQ}=2\text{ mA}$，测量静态时晶体管集电极-发射极之间的电压 U_{CEQ}。

（2）在放大器输入端输入频率为 $f=1\text{ kHz}$ 的正弦信号，调节信号源输出电压 U_S 使 $U_i=5\text{ mV}$，测量并记录 U_S、U_o 和 U'_o，并记录在表 2.2.1 中。注意：用双踪示波器观测 U_o 及 U_i 波形时，必须保持在 U_o 基本不失真时读数。

表 2.2.1　静态工作点电流对放大器 A_u、R_i 及 R_o 的影响数据表

静态工作点电流 I_{CQ}/mA		1.5	2	2.5
保持输入信号 U_i/mV		5	5	5
测量值	U_S/mV			
	U_o/V			
	U'_o/V			
由测量数据计算得到的值	A_u			
	R_i/kΩ			
	R_o/kΩ			

（3）重新调整 R_W 使 I_{CQ} 分别为 1.5 mA 和 2.5 mA，重复上述测量，将测量结果记入表 2.2.1 中，计算放大器的 A_u、R_i、R_o 并与理论计算值对比，分析误差及结果。

4）观察不同静态工作点对输出波形的影响

（1）增大 R_W 的阻值，观察输出电压波形是否出现截止失真（若 R_W 增至最大，波形失真

仍不明显,则可在 R_1 支路中再串一只电阻或适当增大 U_i 来解决),描出输出波形。

(2) 减小 R_w 的阻值,观察输出波形是否出现饱和失真,描出输出波形。

5) 测量放大器的最大不失真输出电压

分别调节 R_w 和 U_s,用示波器观察输出电压 U_o 的波形,使输出波形为最大不失真正弦波(当同时出现正、反相失真后,稍微减小输入信号幅度,使输出波形的失真刚好消失)。测量此时静态集电极电流 I_{CQ} 和输出电压的峰-峰值 U_{opp}。

6) 测量放大器幅频特性曲线

调整 $I_{CQ}=2$ mA,保持 $U_i=5$ mV 不变,改变信号频率,用逐点法测量不同频率下的 U_o 值,记入表 2.2.2 中,并作出幅频特性曲线,定出3 dB宽带 BW。

表 2.2.2　放大器幅频特性($U_i=5$ mV 时)数据表

f/kHz	0.1	自定
U_o/V		

2.2.6　实验报告要求

(1) 画出实验电路图,并标出各元件数值。

(2) 整理实验数据,计算 A_u、R_i、R_o 的值,列表比较其理论值和测量值,并加以分析。

(3) 讨论静态工作点变化对放大器性能(失真、输出电阻、电压放大倍数等)的影响。

(4) 用单对数坐标纸画出放大器的幅频特性曲线,确定 f_H、f_L、A_{um} 和 BM 的值。

(5) 用方格纸画出实验内容与方法中第 4)和 5)条中的有关波形,并加以分析讨论。

2.2.7　思考与讨论

(1) 如将实验电路中的 NPN 管换为 PNP 管,试问:

① 这时电路要做哪些改动才能正常工作?

② 经过正确改动后的电路其饱和失真和截止失真波形是否和原来的相同? 为什么?

(2) 图 2.2.4 电路中上偏置串接 R_1' 起什么作用?

(3) 在实验电路中,如果电容器 C_2 漏电严重,试问当接上 R_L 后,会对放大器性能产生哪些影响?

(4) 射极偏置电路中的分压电阻 R_1、R_2 若取得过小,将对放大电路的动态指标(如 R_i 及 f_L)产生什么影响?

(5) 图 2.2.4 电路中的输入电容 C_1、输出电容 C_2 及射极旁路电容 C_E 的电容量选择应考虑哪些因素?

(6) 图 2.2.4 放大电路的 f_H、f_L 与哪些参数相关?

(7) 图 2.2.4 放大电路在环境温度变化及更换不同 β 值的三极管时,其静态工作点及电压放大倍数 A_u 能否基本保持不变? 试说明原因。

2.3 差动放大器

2.3.1 实验目的

(1) 加深对差动放大器性能及特点的理解。

(2) 学习差动放大器主要性能指标的测试方法。

2.3.2 预习要求

(1) 复习差动放大器相关理论课的内容。

(2) 根据实验电路参数,估算典型差动放大器和具有恒流源的差动放大器的静态工作点及差模电压放大倍数(取 $\beta_1 = \beta_2 = 100$)。

(3) 思考测量静态工作点时,放大器输入端 A、B 与地应如何连接?

(4) 实验中怎样获得双端和单端输入差模信号? 怎样获得共模信号? 画出 A、B 端与信号源之间的连接图。

(5) 怎样进行静态调零? 怎样用交流毫伏表测双端输出电压 U_o?

2.3.3 实验原理

图 2.3.1 是差动放大器的基本实验电路。它由两个元件参数相同的基本共射放大电路组成。当开关 K 拨向左边时,构成典型的差动放大器。调零电位器 R_P,用来调节 T_1、T_2 管的静态工作点,使得输入信号 $U_i = 0$ 时,双端输出电压 $U_o = 0$。 R_E 为晶体管共用的发射极电阻,它对差模信号无负反馈作用,因而不影响差模电压放大倍数,但对共模信号有较强的负反馈作用,故可以有效地抑制零漂,稳定静态工作点。

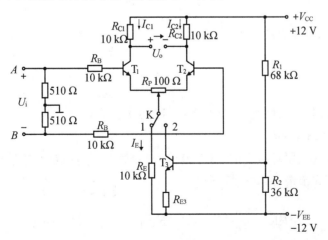

图 2.3.1 差动放大器实验电路

当开关 K 拨向 2 时,构成具有恒流源的差动放大器。它用晶体管恒流源代替发射极电

阻 R_E，R_1 与 R_2 分压后为晶体管提供稳定的基极电压，可进一步提高差动放大器抑制共模信号的能力。

1) 静态工作点的估算

典型电路的估算：$I_E = \dfrac{|V_{EE}| - U_{BE}}{R_E}$（设 $U_{B1} = U_{B2} \approx 0$），$I_{C1} = I_{C2} = \dfrac{1}{2} I_E$ (2.3.1)

恒流源电路的估算：$I_{C3} \approx I_{E3} \approx \dfrac{\dfrac{R_2}{R_1 + R_2}(V_{CC} + |V_{EE}|) - U_{BE}}{R_{E3}}$，$I_{C1} = I_{C2} = \dfrac{1}{2} I_{C3}$

    (2.3.2)

2) 差模电压放大倍数和共模电压放大倍数

当差动放大器的射极电阻 R_E 足够大，或采用恒流源电路时，差模电压放大倍数 A_d 由输出端的输出方式决定，而与输入方式无关。

双端输出：$R_E = \infty$，R_P 在中心位置时，则

$$A_d = \frac{\Delta U_o}{\Delta U_i} = -\frac{\beta R_C}{R_B + r_{be} + (1 + \beta)\dfrac{R_P}{2}} \tag{2.3.3}$$

单端输出：

$$A_{d1} = \frac{\Delta U_{C1}}{\Delta U_i} = \frac{1}{2} A_d \tag{2.3.4}$$

$$A_{d2} = \frac{\Delta U_{C2}}{\Delta U_i} = -\frac{1}{2} A_d \tag{2.3.5}$$

当输入共模信号时，若为单端输出，则有

$$A_{C1} = A_{C2} = \frac{\Delta U_{C1}}{\Delta U_i} = -\frac{\beta R_C}{R_B + r_{be} + (1 + \beta)\left(\dfrac{1}{2} R_P + 2R_E\right)} \approx -\frac{R_C}{2R_E} \tag{2.3.6}$$

若为双端输出，在理想情况下

$$A_C = \frac{\Delta U_o}{\Delta U_i} = 0 \tag{2.3.7}$$

实际上，由于元件不可能完全对称，因此 A_C 也不会绝对等于零。

3) 共模抑制比 CMRR

为了表征差动放大器对有用信号（差模信号）的放大作用和对共模信号的抑制能力，通常用一个综合指标来衡量，即共模抑制比为

$$CMRR = \left|\frac{A_{ud}}{A_{uc}}\right| \quad \text{或} \quad K_{CMR} = 20\lg\left|\frac{A_{ud}}{A_{uc}}\right| \text{(dB)} \tag{2.3.8}$$

差动放大器的输入信号既可采用直流信号也可采用交流信号。本实验由函数信号发生器提供频率 $f = 1\,\text{kHz}$ 的正弦信号作为输入信号。

2.3.4　实验仪器与器材

（1）低频信号发生器 1 台；（2）双踪示波器 1 台；（3）晶体管毫伏表 1 只；（4）万用表 1 只；（5）模拟电子技术实验箱 1 台。

2.3.5　实验内容与方法

1)　典型差动放大器性能测试

按图 2.3.1 连接实验电路,开关 K 拨向 1 构成典型的差动放大器。

（1）测量静态工作点。将放大器输入端 A, B 与地短接,接通±12 V 直流电源,测量输出电压 U_o,调节调零电位器 R_P,使 $U_o=0$。待零点调好以后,用示波器测量 T_1、T_2 管各管脚电位及射极电阻 R_E 两端电压 U_{RE},记入表 2.3.1 中。

表 2.3.1　静态工作点数据记录表

测量值	U_{C1}/V	U_{B1}/V	U_{E1}/V	U_{C2}/V	U_{B2}/V	U_{E2}/V	U_{RE}/V
计算值	I_C/mA		$I_B/\mu A$			U_{CE}/V	

（2）测量差模电压放大倍数。将函数信号发生器的输出端接放大器输入 A 端,函数信号发生器的地端接放大器输入 B 端,构成单端输入方式,调节输入信号,使其为 $f=1\,kHz$ 的正弦信号,并将输出旋钮旋至零,用示波器监视输出端（集电极 C_1 或 C_2 与地之间）。

逐渐增大输入电压（约 50 mV）,在输出波形无失真的情况下,用示波器测量 U_i,U_{C1},U_{C2} 的值,记入表 2.3.2 中,并观察 U_i,U_{C1},U_{C2} 之间的相位关系及 U_{RE} 随 U_i 改变而变化的情况。

（3）测量共模电压放大倍数。将放大器 A、B 端短接,信号源接 A 端与地之间,构成共模输入方式,调节输入信号,使其为 $f=1\,kHz$, $U_i=1\,V$,在输出电压无失真的情况下,测量 U_{C1},U_{C2} 的值记入表 2.3.2 中,并观察 U_i,U_{C1},U_{C2} 之间的相位关系及 U_{RE} 随 U_i 改变而变化的情况。

表 2.3.2　差动放大电路性能测试仿真数据记录表

	典型差动放大电路		具有恒流源的差动放大电路	
	单端输入	共模输入	单端输入	共模输入
U_i	100 mV	2 V	100 mV	2 V
U_{C1}/V				

（续表）

	典型差动放大电路		具有恒流源的差动放大电路	
	单端输入	共模输入	单端输入	共模输入
U_{C2}/V				
$A_{ud1} = U_{C1}/U_i$				
$A_{ud} = U_o/U_i$				
$A_{uC1} = U_{C1}/U_i$				
$A_{uc} = U_o/U_i$				
$K_{CMR} = \mid A_{ud1}/A_{uC1} \mid$				

2）具有恒流源的差动放大电路性能测试

将图 2.3.1 电路中开关 K 拨向 2，构成具有恒流源的差动放大电路。重复本节 1）中第（2）、（3）项的要求，并将数据记入表 2.3.2 中。

2.3.6 实验报告要求

（1）整理实验室操作部分的实验数据，列表比较实验结果和理论估算值，分析误差原因。

① 静态工作点和差模电压放大倍数。

② 典型差动放大电路单端输出时 K_{CMR} 的实测值与理论值比较。

③ 典型差动放大电路单端输出时 K_{CMR} 的实测值与具有恒流源的差动放大器单端输出时 K_{CMR} 的实测值比较。

（2）试定性绘图比较 U_i、U_{C1} 和 U_{C2} 之间的相位关系。

（3）根据实验结果，总结电阻 R_E 和恒流源的作用。

2.3.7 思考与讨论

（1）为什么采用正负两路电源供电？这样做有何好处？

（2）怎样进行静态调零点？用什么仪表测 U_o？

（3）测量静态工作点时，放大器输入端 A、B 与地应如何连接？

（4）实验中怎样获得双端和单端输入差模信号？怎样获得共模信号？A、B 端与信号源之间如何连接？

（5）在实验内容 1）第（2）项中测 R_E 两端电压 U_{RE} 有以下两种方法：

① 直接用示波器测得 R_E 两端电压 U_{RE}；

② 分别测出 R_E 两端对地电压 U_1，U_2，然后由 $U_{RE} = U_1 - U_2$ 得出 U_{RE} 的值。

试分析比较两种方法，说明哪种方法更好。

2.4　负反馈放大器

2.4.1　实验目的

（1）加深理解放大电路中引入负反馈的方法和负反馈对放大器各项性能指标的影响。

（2）进一步熟悉放大器性能指标的测量方法。

2.4.2　预习要求

（1）复习教材中有关负反馈放大器的内容，阅读本实验内容和步骤。

（2）按实验电路图估算放大器的静态工作点（取 $\beta_1 = \beta_2 = 100$）。

（3）怎样把负反馈放大器改接成基本放大器？为什么要把 R_F 并接在输入和输出端？

（4）估算基本放大器的 A_u、R_i 和 R_o；估算负反馈放大器的 A_{uF}、R_{iF}、R_{oF}，并演算它们之间的关系。

2.4.3　实验原理

负反馈在电子电路中有着非常广泛的应用，虽然它降低了放大器的放大倍数，但能在多方面改善放大器的动态指标，如稳定放大倍数、改变输入/输出电阻、减小非线性失真和展宽通频带等。因此，几乎所有的实用放大器都带有负反馈电路。

负反馈放大器有四种组态，即电压串联、电压并联、电流串联和电流并联。本实验以电压串联负反馈为例，分析负反馈对放大器各项性能指标的影响。

1）带负反馈的两级阻容耦合放大电路

图 2.4.1 为带有负反馈的两级阻容耦合放大电路，在电路中通过 R_F 把输出电压 U_o 引回到输入端，加到晶体管 T_1 的发射极上，在发射极电阻 R_{F1} 上形成反馈电压 U_F。根据反馈的判断法可知，它属于电压串联负反馈。

主要性能指标如下：

（1）闭环电压放大倍数

$$A_{uF} = \frac{A_u}{1 + A_u F_V} \tag{2.4.1}$$

式中：$A_u = U_o / U_i$——基本放大器（无反馈）的电压放大倍数，即开环电压放大倍数。

　　　$1 + A_u F_V$——反馈深度，其大小决定了负反馈对放大器性能改善的程度。

（2）反馈系数

$$F_V = \frac{R_{F1}}{R_F + R_{F1}} \tag{2.4.2}$$

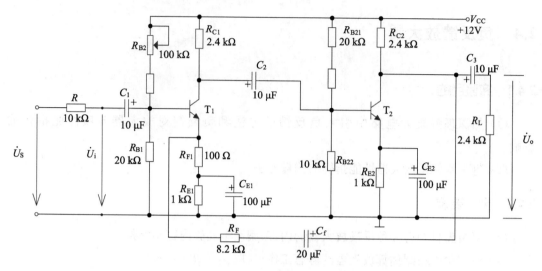

图 2.4.1   带有电压串联反馈的两级阻容耦合放大器

（3）输入电阻

$$R_{iF} = (1 + A_u F_V) R_i \qquad (2.4.3)$$

式中：R_i——基本放大器的输入电阻。

（4）输出电阻

$$R_{oF} = \frac{R_o}{1 + A_{uo} F_V} \qquad (2.4.4)$$

式中：R_o——基本放大器的输出电阻。

A_{uo}——基本放大器 $R_L = \infty$ 时的电压放大倍数。

2）测量基本放大器的动态参数

本实验还需要测量基本放大器的动态参数，怎样实现无反馈而得到基本放大器呢？不能简单地断开反馈支路，而是要去掉反馈作用，但又要把反馈网络的影响（负载效应）考虑到基本放大器中去。为此：

① 在设计基本放大器的输入回路时，因为是电压负反馈，所以可将负反馈放大器的输出端交流短路，即令 $U_o = 0$ V，此时 R_F 相当于并联在 R_{F1} 上。

②在设计基本放大器的输出回路时，由于输入端是串联负反馈，因此需将反馈放大器的输入端（T_1 管的射极）开路，此时（$R_F + R_{F1}$）相当于并接在输出端（可近似认为 R_F 并接在输出端）。根据上述规律，就可得到所要求的基本放大器，如图 2.4.2 所示。

2.4.4   实验仪器与器材

（1）低频信号发生器 1 台；（2）双踪示波器 1 台；（3）晶体管毫伏表 1 只；（4）万用表 1 只；（5）模拟电子技术实验箱 1 台。

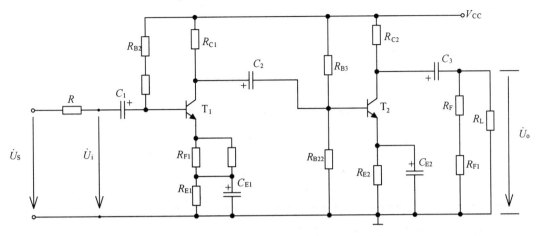

图 2.4.2　基本放大器电路

2.4.5　实验内容与方法

1)　测量静态工作点

按图 2.4.1 连接实验电路,取 $V_{CC}=+12\,V$, $U_i=0$,用直流电压表分别测量第一级、第二级的静态工作点,并将数据记入表 2.4.1 中。

表 2.4.1　测量静态工作点数据记录表

序号	Δf_F/kHz	U_B/V	U_E/V	U_C/V	I_C/mA
第一级					
第二级					

2)　测试基本放大器的各项性能指标（中频电压放大倍数 A_u、输入电阻 R_i 和输出电阻 R_o)

将实验电路按图 2.4.2 改接,即把 R_F 断开后分别并在 R_{F1} 和 R_L 上,其他连线不动。

① 将 $f=1\,kHz$, $U_S=5\,mV$ 的正弦信号输入放大器,用示波器监视输出波形 U_o,在 U_o 不失真的情况下,用交流毫伏表测量 U_S、U_i、U_L,并将数据记入表 2.4.2 中。

表 2.4.2　基本放大器数据记录表

测量值				计算值		
U_S/mV	U_i/mV	U_L/V	U_o/V	A_u	R_i/kΩ	R_o/kΩ

② 保持 U_S 不变,断开负载电阻 R_L(注意 R_F 不要断开),测量空载时的输出电压 U_o,并

将数据记入表 2.4.2 中。

3） 测试负反馈放大器的各项性能指标

将实验电路恢复为图 2.4.1 的负反馈放大电路。适当加大 U_S（约 10 mV），在输出波形不失真的条件下，测量负反馈放大器的 A_{uF}、R_{iF} 和 R_{oF}，并将数据记入表 2.4.3 中。

表 2.4.3　负反馈放大器数据记录表

测量值				计算值		
U_S/mV	U_i/mV	U_L/V	U_o/V	A_{uF}	$R_{iF}/k\Omega$	$R_{oF}/k\Omega$

4） 观察负反馈对非线性失真的改善

（1）实验电路改接成基本放大器形式，在输入端加入 $f = 1\ kHz$ 的正弦信号，输出端接示波器，逐渐增大输入信号的幅度，使输出波形开始出现失真，记下此时的波形和输出电压的幅度。

（2）再将实验电路改接成负反馈放大器形式，增大输入信号幅度，使输出电压幅度的大小与（1）相同，比较有负反馈时，输出波形的变化。

5） 测量通频带

接上 R_L，保持 U_S 不变，然后增加和减小输入信号的频率，找出上、下限频率 f_H 和 f_L，并将数据记入表 2.4.4 中。

表 2.4.4　通频带测量数据记录表

基本放大器	f_L/kHz	f_H/kHz	$\Delta f/kHz$
负反馈放大器	f_{LF}/kHz	f_{HF}/kHz	$\Delta f_F/kHz$

2.4.6　实验报告要求

（1）将基本放大器和负反馈放大器动态参数的实测值和理论估算值列表进行比较。

（2）根据实验结果，总结电压串联负反馈对放大器性能的影响。

2.4.7　思考与讨论

（1）如按深负反馈估算，则闭环电压放大倍数 A_{uF} 为多大？和测量值是否一致？为什么？

（2）如输入信号存在失真，能否用负反馈来改善？

（3）怎样判断放大器是否存在自激振荡？如何进行消振？

2.5　集成运放在运算电路中的应用(一)

2.5.1　实验目的

(1) 深刻理解运算放大器的"虚短""虚断"的概念。熟悉运放在信号放大和模拟运算方面的应用。

(2) 掌握同相和反相比例运算电路、加法和减法运算电路以及单电源交流放大电路的设计方法。

(3) 学会测试上述各运算电路的工作波形及电压传输特性。

(4) 了解运算放大器在实际应用时应考虑的一些问题。

2.5.2　预习要求

(1) 掌握示波器、稳压电源、交流电压表、函数发生器的使用方法。

(2) 复习集成运放有关模拟运算应用方面的内容,弄清各电路的工作原理,掌握"虚断""虚短"的概念。

(3) 设计反相比例运算电路,要求 $A_{uF}=-10,R_i \geqslant 10$ kΩ。确定各元件值并标在实验电路图上。

(4) 设计一模拟运算电路,满足关系式 $U_o=-(10U_{i1}+5U_{i2})$。

(5) 设计一单电源交流放大器,取 $V_{CC}=15$ V,要求 $\dot{A}_{uF}=-10$。

(6) 在预习报告中计算好相关的理论值,便于在实测中进行比较。

2.5.3　实验原理

集成运算放大器是模拟集成电路中发展最快、通用性最强的一类集成电路。集成运算放大器内部电路较为复杂,在分析和设计一般的应用电路时,常将它近似看作理想放大器。我们只有对集成运放的内部结构和主要技术参数有较深入的了解,并熟练掌握其基本特性,才能选用合适的运放,设计出简练和巧妙的实用电路。

集成运放是一种具有高电压放大倍数的直接耦合多级放大电路。当外部接入不同的线性或非线性元器件组成输入和负反馈电路时,可以灵活地实现各种特定的函数关系。在线性应用方面,可组成比例、加法、减法、积分、微分、对数等模拟运算电路。当集成运放工作在线性区时,其参数很接近理想值,因此在分析这类放大器时,要注意应用理想运算放大器的特点,使问题得以简化。

理想集成运放具有以下主要特性:

(1) 开环增益无穷大 $A_{od}=\infty$;

(2) 输入阻抗无穷大 $r_{id}=\infty$;

(3) 共模抑制比无穷大 $K_{CMR}=\infty$;

（4）输出阻抗为零 $r_o=0$；

（5）带宽无穷大 $f_{BW}=\infty$。

理想运放在线性应用时有两个重要特性：

第一，由于理想运放的开环差模输入电阻 r_{id} 为无穷大，故流入放大器反相输入端和同相输入端的电流 $I_i=0$，即理想运放的两个输入端不从它的前级取用电流。这种特点称为"虚断"。

第二，由于理想运放的开环差模电压增益 A_{od} 为无穷大，当输出电压为有限值时，差模输入电压 $U_- - U_+ = \dfrac{U_o}{A_{od}}=0$，即 $U_-=U_+$。这种近似为短路的特点称为"虚短"。在 $U_-=U_+=0$ 时，称为"虚地"。

当然，实际运放只能在一定程度上接近理想指标。表2.5.1给出了 μA741（双极型晶体管构成）、LF356（JEFT作输入级，其他为双极型晶体管）和理想运放的参数对照。

表 2.5.1 运放参数对照表

特性参数	μA741			LF356			理想运放
	最小	标准	最大	最小	标准	最大	
输入失调电压/mV		2	6		3	10	0
输入偏置电流/mA		80	500		0.07	0.2	0
输入失调电流/mA		20	200		0.007	0.04	0
电源电流/mA		2.8			10		0
开环电压增益/dB	86	106	2	50	200		∞
共模抑制比/dB	70	90		80	100		∞
转换速率/(V/μs)		0.5			12		∞

本实验推荐采用 μA741 型运放，其引脚排列如图2.5.1所示。

在应用集成运放时，须注意以下问题：

集成运放是由多级放大器组成，将其闭环构成深度负反馈时，可能会在某些频率上产生附加相移，造成电路工作不稳定，甚至产生自激振荡，使运放无法正常工作，所以有时须在相应运放规定的引脚端接上相位补偿网络；在需要放大含直流分量信号的应用场合，为了补偿运放本身失调的影响，

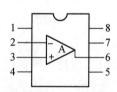

1—失调调零端；2—反相输入端；
3—同相输入端；4—负电源端；
5—失调调零端；6—输出端；
7—正电源端；8—空脚。

图 2.5.1 μA741 引脚图

保证在集成运放闭环工作后，输入为零时输出为零，必须考虑调零问题；为了消除输入偏置电流的影响，须考虑让集成运放两个输入端的等效对地直流电阻相等，以确保其处于平衡对称的工作状态。

1) 反相输入比例运算电路

电路如图 2.5.2 所示。信号 U_i 由反相端输入,所以 U_o 与 U_i 相位相反。输出电压经 R_F 反馈到反相输入端,构成电压并联负反馈电路。在设计电路时,应注意,R_F 也是集成运放的一个负载,为保证电路正常工作,应满足 $I_o < I_{om}$ 及 $U_o < U_{om}$。R_1 为闭环输入电阻,选择 $R_1 = -\dfrac{R_F}{A_{uF}}$,$R_P$ 为平衡电阻,选择参数时应使 $R_P = R_1 /\!/ R_F$。

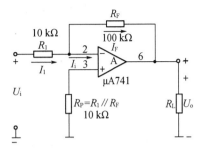

图 2.5.2　反相输入比例运算电路图

根据"虚短"的概念可知:$U_- = U_+ = 0$,则:

$$\begin{cases} I_1 = \dfrac{U_i - 0}{R_1} \\[2mm] I_F = \dfrac{0 - U_o}{R_F} \end{cases}$$

$$(2.5.1)$$
$$(2.5.2)$$

又根据"虚断"的概念可知:

$$\begin{cases} R_i = \infty \\[2mm] I_i = 0 \end{cases}$$

$$(2.5.3)$$
$$(2.5.4)$$

则 $I_1 = I_F$,由式(2.5.1)和式(2.5.2)推出:

$$\frac{U_i}{R_1} = -\frac{U_o}{R_F} \tag{2.5.5}$$

则该电路的闭环电压放大倍数为:

$$A_{uF} = \frac{U_o}{U_i} = -\frac{R_F}{R_1} \tag{2.5.6}$$

当 $R_F = R_1$ 时,运算电路的输出电压等于输入电压的负值,称为反相器。

由于反相输入端具有"虚地"的特点,故其共模输入电压等于零。反相比例运算电路的电压传输特性如图 2.5.3 所示。其输出电压的最大不失真峰-峰值为:

$$U_{op\text{-}p} = 2U_{om} \tag{2.5.7}$$

式中,U_{om} 为受电源电压限制的运放最大输出电压,通常 U_{om} 比电源电压 V_{CC} 小 1~2 V。

电路输入信号最大不失真范围为:

$$U_{ip\text{-}p} = \frac{U_{op\text{-}p}}{|A_{uF}|} = U_{op\text{-}p}\left(\frac{R_1}{R_F}\right) \tag{2.5.8}$$

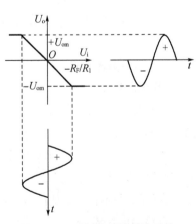

图 2.5.3　反相比例运算电路的电压传输特性

87

2) 同相输入比例运算电路

电路如图 2.5.4 所示。它属于电压串联负反馈电路,其输入阻抗高、输出阻抗低,具有放大及阻抗变换作用,通常用于放大电路与负载之间的缓冲和隔离。在理想条件下,根据"虚短"的概念可知:$U_+ = U_- = U_i$,即

$$U_- = \frac{R_1}{R_1 + R_F} U_o = U_+ = U_i \tag{2.5.9}$$

则推出其闭环电压放大倍数为:

$$A_{uF} = \frac{U_o}{U_i} = 1 + \frac{R_F}{R_1} \tag{2.5.10}$$

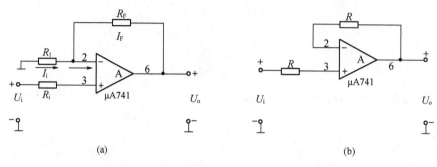

(a)   (b)

图 2.5.4　同相比例运算电路和同相电压跟随器

图 2.5.4 中当 $R_F = 0$ 或 $R_1 = \infty$ 时,$A_{uF} = 1$,即输出电压与输入电压大小相等、相位相同,称为同相电压跟随器。不难理解,同相比例运算电路的电压传输特性斜率为 $1 + \dfrac{R_F}{R_1}$。同样,电压传输特性的线性范围也受到 I_{om} 和 U_{om} 的限制。必须注意的是,由于信号从同相端加入,对运放本身而言,由于没有"虚地"存在,相当于两输入端同时作用着与 U_i 信号幅度相等的共模信号,而集成运放的共模输入电压范围(即 U_{icmax})是有限的。故必须注意信号引入的共模电压不得超出集成运放的最大共模输入电压范围,同时为保证运算精度,应选用高共模抑制比的运放器件。

3) 加法运算电路

电路如图 2.5.5 所示。在反相比例运算电路的基础上增加几个输入支路便构成了反相加法运算电路。在理想条件下,由于 Σ 点为"虚地",三路输入电压彼此隔离,各自独立地经输入电阻转换为电流,进行代数和运算,即当任一输入 $U_{ik} = 0$ 时,在其输入电阻 R_k 上没有压降,故不影响其他信号的比例求和运算。

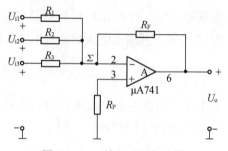

图 2.5.5　三输入反相加法器

总输出电压为:

$$U_o = -\left(\frac{R_F}{R_1} U_{i1} + \frac{R_F}{R_2} U_{i2} + \frac{R_F}{R_3} U_{i3} \right) \tag{2.5.11}$$

其中，$R_P = R_1 /\!/ R_2 /\!/ R_3 /\!/ R_F$。当 $R_1 = R_2 = R_3 = R_F$ 时，

$$U_o = -(U_{i1} + U_{i2} + U_{i3}) \tag{2.5.12}$$

4）减法运算电路

电路如图 2.5.6 所示。当 $R_2 = R_1$，$R_3 = R_F$ 时，可由叠加原理得：

$$U_o = (U_{i2} - U_{i1}) \frac{R_F}{R_1} \tag{2.5.13}$$

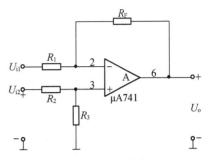

图 2.5.6　减法运算电路

当取 $R_1 = R_2 = R_3 = R_F$ 时，$U_o = U_{i2} - U_{i1}$，实现了减法运算。此电路常用于将差动输入转换为单端输出，广泛地用来放大具有强烈共模干扰的微弱信号。

要实现精确的减法运算，必须严格选配电阻 R_1、R_2、R_3 和 R_F。此外，U_{i2} 使运放两个输入端上存在共模电压 $U_- \approx U_+ = U_{i2} \dfrac{R_3}{R_2 + R_3}$，在运放 K_{CMR} 为有限值的情况下，将产生输出运算误差电压，所以必须采用高共模抑制比的运放以提高电路的运算精度。

5）单电源供电的交流放大器

在仅需放大交流信号的应用场合（如音频信号的前置级或激励级），为简化供电电路，常采用单电源供电，以电阻分压方法将同相端偏置在 $\frac{1}{2}V_{CC}$（或负电源 $\frac{1}{2}V_{EE}$），使运放反相端和输出端的静态电位与同相端相同。交流信号经隔直电容实现传输。

（1）单电源反相比例交流放大器

电路如图 2.5.7 所示。该电路为直流全负反馈，用以稳定静态工作点。由于静态时运放输出端为 $\frac{1}{2}V_{CC}$，从而获得最大的动态范围（$U_{op\text{-}p} \approx V_{CC}$），其电压放大倍数与双电源供电的反相放大器一样，即 $\dot{A}_{uF} = -\dfrac{R_F}{R_1}$。当 $R_1 = R_F$ 时，$\dot{A}_{uF} = -1$，即为交流反相器。

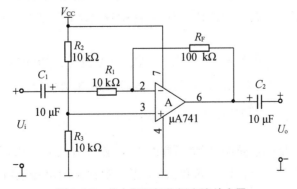

图 2.5.7　单电源反相比例交流放大器

（2）单电源同相比例交流放大器

电路如图 2.5.8 所示，分析方法同上。

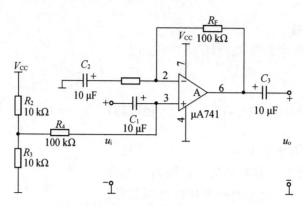

图 2.5.8 单电源同相比例交流放大器

其电压放大倍数为

$$\dot{A}_{uF} = 1 + \frac{R_F}{R_1} \tag{2.5.14}$$

2.5.4 实验仪器和器材

（1）示波器 1 台；（2）函数发生器 1 台；（3）直流稳压电源 1 台；（4）交流电压表 1 只；（5）实验箱 1 台；（6）万用表 1 只；（7）μA741 运放 1 只。

2.5.5 实验内容与方法

1）反相比例运算电路

（1）按照图 2.5.2 接线，弄清运放的电源端、调零端、输入端和输出端。在有些情况下，还须按手册要求接入补偿电路。

（2）运放电源电压 $\pm V_{CC} = \pm 10$ V，$R_1 = 10$ kΩ，$R_F = 100$ kΩ，$R_P = R_1 // R_F$。

（3）在输入接地的情况下，进行调零，并用示波器观察输出端是否存在自激振荡。如有，对于设有外接补偿的运放应调整补偿电容，或检查电路是否工作在闭环状态，直到消除自激方可进行实验。

（4）输入直流信号 U_i 分别为 -2 V、-0.5 V、0.5 V、2 V，用万用表测量对应于不同 U_i 时的 U_o 值，将测量数据填入表 2.5.2 中；计算 A_{uF}，并与理论值比较，计算并分析误差产生的原因（误差计算公式为：$\gamma = \dfrac{A_{测量值} - A_{理论值}}{A_{理论值}} \times 100\%$）。

（5）输入 $f = 1$ kHz 的正弦波，调整函数发生器，使其有效值为 0.1 V，用交流毫伏表测量 U_i 和 U_o 的值，计算 A_{uF}，画出 U_i 和 U_o 的波形。观察并画出传输特性曲线并标注参数值。（输入接 CH_1，输出接 CH_2）

（6）将 R_F 的阻值改为 10 kΩ，其他条件不变，重做（4）、（5）中的内容，将数据填入自拟表格中。

表 2.5.2　反相比例运算电路实验数据表

$R_F=100\ \text{k}\Omega$，$R_1=10\ \text{k}\Omega$

U_i/V	-2	-0.5	0.5	2
U_o/V				
$A_{uF}=\dfrac{U_o}{U_i}$（测量值）				
$A_{uF}=-\dfrac{R_F}{R_1}$（理论值）				
误差				

2）同相比例运算电路

实验内容与步骤同反相比例运算电路。按图 2.5.4 接线并测试实验数据，填入自拟表格中；计算 A_{uF}，并与理论值比较，计算误差并分析误差产生原因。

3）加法和减法电路

(1) 设计电路满足运算关系 $U_o=-(10U_{i1}+5U_{i2})$。

① $U_{i1}=0.5\ \text{V}$ 直流电压，$U_{i2}=-0.2\ \text{V}$ 直流电压，计算并测量输出电压；

② $U_{i1}=0\ \text{V}$ 直流电压，U_{i2} 接有效值为 $0.1\ \text{V}$，$f=1\ \text{kHz}$ 的正弦交流信号，观察并画出输入/输出波形；

③ $U_{i1}=0.5\ \text{V}$ 直流电压，U_{i2} 接有效值为 $0.1\ \text{V}$，$f=1\ \text{kHz}$ 的正弦交流信号，观察并画出输入/输出波形。

(2) 设计电路满足运算关系 $U_o=-5(U_{i1}-U_{i2})$。实验内容与步骤同上。

4）单电源交流放大器

(1) 设计一个单电源交流放大器，输入 $f=1\ \text{kHz}$、$U_i=0.1\ \text{V}$ 的正弦信号，要求 $\dot{A}_{uF}=-10$。运放的电源电压 $V_{CC}=+15\ \text{V}$，选择适当的电阻参数，测量 U_o 值，计算 $\dot{A}_{uF}$。

(2) 测量电路的静态工作点 U_+、U_- 和 U_o（用万用表直流电压挡），用示波器观察并画出 C_2 两端波形（示波器输入耦合方式置于"DC"挡），分析计算直流分量。将实验数据填入表 2.5.3 中。

(3) 改变信号频率，并使 $U_i=0.1\ \text{V}$ 恒定不变，测量 f_L、f_H 并确定放大器的带宽 BW。

表 2.5.3　静态工作点的实验数据表

U_+/V	U_-/V	U_o/V	直流分量/V	$\dot{A}_{uF}$（计算值）

2.5.6　实验报告要求

(1) 写出所做实验电路的设计步骤，画出电路图，并标注元件参数值。

（2）整理实验数据并与理论值进行比较、讨论。

（3）记录实验中观察到的波形，并进行分析讨论。

（4）从理论上总结并分析测量结果。

2.5.7 思考题

（1）理想运算放大器具有哪些主要特点？

（2）单电源运放用来放大交流信号时，电路结构上应满足哪些要求？若改用单一负电源供电，电路应做如何改动？并画出改动后的电路。

（3）运放用作模拟运算电路时，"虚短""虚断"能永远满足吗？在什么条件下"虚短"将不再存在？

2.6 集成运放在运算电路中的应用(二)

2.6.1 实验目的

（1）了解运放在信号积分和电流、电压转换方面的应用电路及参数的影响。

（2）掌握积分电路和电流、电压转换电路的设计、调试方法。

2.6.2 预习要求

（1）熟悉由运放组成的基本积分、微分电路和电压/电流转换电路的工作原理。

（2）设计满足实验内容要求的有关电路，并估算电路参数。

2.6.3 实验原理

1) 基本积分运算电路

在反相比例运算电路中，将反馈支路中的电阻换成电容即构成积分运算电路。在积分电路中，在反馈电容两端并上一个大电阻即构成实用的积分电路。同相和反相输入均可构成积分电路。图 2.6.1 为一积分电路，运放和电阻 R、电容 C 构成反相积分器。由"虚地"和"虚断"原理，并忽略偏置电流 I_B 可得：$i=\dfrac{u_i}{R}=i_C$，所以：

图 2.6.1 积分电路

$$u_o=-u_C=-\frac{1}{C}\int i_C \mathrm{d}t=-\frac{1}{RC}\int u_i \mathrm{d}t \quad (2.6.1)$$

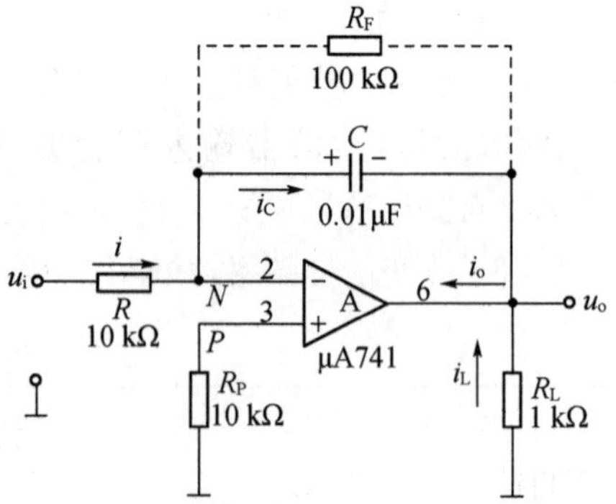

即输出电压与输入电压成积分关系。

为使偏置电流引起的失调电压最小，应取 $R_P=R /\!/ R_F$；R_F 为分流电阻，用于稳定直流增益，以避免直流失调电压在积分周期内积累导致运放饱和，一般取 $R_F=10R$。

对于式(2.6.1)应注意以下几点:

(1) 该式仅对 $f > f_C = \dfrac{1}{2\pi R_F C}$ 的输入信号积分电路才有效,而对于 $f < f_C$ 的输入信号,

图 2.6.1 仅近似为反相比例运算电路,即 $\dfrac{u_o}{u_i} = -\dfrac{R_F}{R}$。

(2) 运放的输出电压和输出电流都应限制在最大值以内,即必须满足下列关系式:

$$\left| u_{omax} \right| = \left| -\frac{1}{RC}\int u_i \mathrm{d}t \right| \leqslant U_{om}, \text{及 } i_L + i_C \leqslant I_{om} \tag{2.6.2}$$

(3) 任何原因使运放反相输入端偏离"虚地"时,都将引起积分运算误差。

(4) 为减小输入失调电流及其温漂在积分电容上引起误差输出(即积分漂移),建议采用以下措施:

① 选用失调及漂移小的运放;

② 选用漏电小的积分电容,如聚苯乙烯电容;

③ 当积分时间较长时,宜选用 FET 输入级的运放或斩波稳零运放。

下面分别讨论几种不同类型的输入信号作用下积分电路的输出响应:

(1) 阶跃输入

当输入 $u_i = \begin{cases} 0 & (t < 0) \\ E & (t \geqslant 0) \end{cases}$ 时,积分输出 $u_o = -\dfrac{E}{RC}t \,(t \geqslant 0)$,故要求 $RC \geqslant \dfrac{E}{U_{om}}t$,其工作波形

如图 2.6.2 所示。

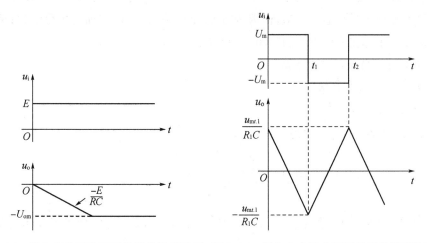

图 2.6.2　输入为阶跃电压时的积分输出波形　图 2.6.3　输入为方波电压时的积分输出波形

(2) 方波输入

当输入为方波电压时,其积分输出为如图 2.6.3 所示的三角波。$u_o = \dfrac{E}{RC}t$ 或 $u_o = -\dfrac{E}{RC}t$。注意 R_F 越大,输出三角波的线性越好,但稳定性差,建议取 $R_F = 1\text{ M}\Omega$, $R = 10\text{ k}\Omega$,

$C = 0.1~\mu F$。为得到如图 2.6.3 所示的三角波输出,同样必须受运放 U_{om} 及 I_{om} 的限制。

(3) 正弦输入

当输入 $u_i = U_{im}\sin\omega t$ 时,积分输出 $u_o = -\dfrac{1}{RC}\displaystyle\int U_{im}\sin\omega t\,dt = \dfrac{U_{im}}{RC\omega}\cos\omega t$。工作波形如图 2.6.4 所示。

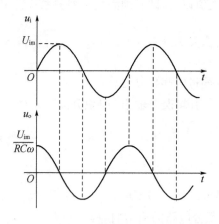

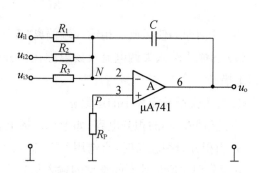

图 2.6.4 输入为正弦电压时的积分输出波形　　**图 2.6.5 求和积分运算电路**

为不超过运放最大输出电压 U_{om},要求 $|U_{om}| = \dfrac{U_{im}}{RC\omega} \leqslant U_{om}$ 或 $\dfrac{U_{im}}{f} \leqslant 2\pi RC U_{om}$。可见,对于一定幅值的正弦输入信号,其频率越低,应取的 RC 的乘积也应越大;当 RC 的乘积确定后,R 值取大有利于提高输入电阻,但 R 加大必使 C 值减小,这将加剧积分漂移;反之,R 取小,C 太大又有漏电和体积方面的问题,一般取 $C \leqslant 1~\mu F$。

2) 其他形式的积分运算电路

(1) 求和积分运算电路

电路如图 2.6.5 所示。

由"虚地""虚断"和叠加原理可得:

$$u_o = -\frac{1}{C}\int\left(\frac{u_{i1}}{R_1} + \frac{u_{i2}}{R_2} + \frac{u_{i3}}{R_3}\right)dt \tag{2.6.3}$$

当 $R_1 = R_2 = R_3 = R$ 时,$u_o = -\dfrac{1}{RC}\displaystyle\int(u_{i1} + u_{i2} + u_{i3})dt$,其中 $R_P = R_1 /\!/ R_2 /\!/ R_3$。

(2) 差动输入积分运算电路

电路如图 2.6.6 所示,输出电压 $u_o = \dfrac{1}{RC}\displaystyle\int(u_{i2} - u_{i1})dt$,当 $u_{i1} = 0$ 时,$u_o = \dfrac{1}{RC}\displaystyle\int u_{i2}\,dt$,即为同相积分电路。

3) 微分运算电路

微分是积分的逆运算,将积分运算电路中 R 和 C 的位置互换,就得到微分运算电路,

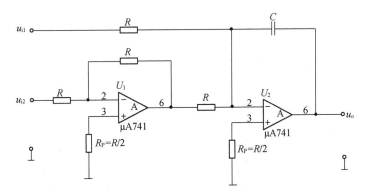

图 2.6.6　差动输入积分运算电路

如图 2.6.7 所示。根据"虚短"和"虚断"的原则，$u_N = u_P = 0$，为虚地。电容两端电压 $u_C = u_i$，其电流是端电压的微分。电阻 R 的电流 i_R 等于电容 C 中的电流 i_C，所以 $i_R = i_C = C\dfrac{du_i}{dt}$，输出电压 $u_o = -i_R R = -RC\dfrac{du_i}{dt}$，输出电压正比于输入电压对时间的微分。

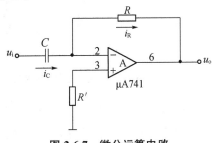

图 2.6.7　微分运算电路

4) 电压/电流转换电路

当长距离传送模拟电压信号时，由于通常存在信号源内阻、传送电缆电阻及受信端输入阻抗，它们对于信号源电压的分压效应，会使受信端电压误差增大。为了高精度地传送电压信号，通常将电压信号先变换为电流信号，即变换为恒流源进行传送，由于此时电路中传送的电流相等，故不会在线路阻抗上产生误差电压。

(1) 反相型电压/电流转换电路（电路如图 2.6.8 所示）

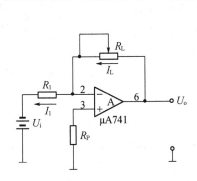

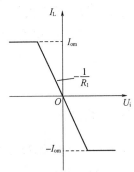

图 2.6.8　反相型电压/电流转换电路　　**图 2.6.9　反相型电压/电流转换电路的转换特性**

该电路属于电流并联负反馈电路，电压信号 U_i 经过电阻 R_1 接到运放的反相端，负载 R_L 接在运放的输出端与反相端之间。由于运放的反相输入端存在"虚地"及净输入端存在"虚断"，故流过负载 R_L 和 R_1 的电流相等，即 $I_L = I_1 = \dfrac{U_i}{R_1}$。可见，负载 R_L 上的电流 I_L 正比于输入电压 U_i，该转换电路的转换系数为 $\dfrac{1}{R_1}$。电路的转换特性如图 2.6.9 所示。

为实现线性电压/电流转换,应该满足 $I_L \leqslant I_{om}$ 及 $U_o = I_L R_L \leqslant U_{om}$,即 $U_i \leqslant \dfrac{U_{om}}{R_L} R_1$。

(2) 同相型电压/电流转换电路(电路如图 2.6.10 所示)

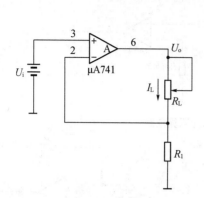

图 2.6.10 同相型电压/电流转换电路   图 2.6.11 同相型电压/电流转换电路的转换特性

由"虚短"和"虚断"原理知 $I_L = U_i / R_1$,其转换特性见图 2.6.11。该电路属于电流串联负反馈电路,电路的输入电阻极高,该转换电路的转换系数为 $1/R_1$。

为实现线性电压/电流转换,应该满足 $I_L \leqslant I_{om}$ 及 $U_o = I_L(R_L + R_1) \leqslant U_{om}$。

5) 电流/电压转换电路

电路如图 2.6.12 所示。

当使用电流变换型传感器时,将传感器输出的信号转换成电压信号来处理是极为方便的。这类电路就是电流/电压转换电路。显然,转换输出电压为 $U_o = I_o R_F$,它正比于信号电流 I_o,当需要将微小的电流转换为电压时,必须选用具有极小输入偏置电流、极小输入失调电流及极高输入阻抗的运放,同时,在实际电路装配中,必须采取措施,尽量减小运放输入端的漏电流。

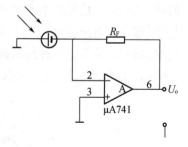

图 2.6.12 电流/电压转换电路

2.6.4 实验仪器和器材

(1) 示波器 1 台;(2) 函数发生器 1 台;(3) 直流稳压电源 1 台;(4) 交流电压表 1 只;(5) 实验箱 1 台;(6) 万用表 1 只;(7) μA741 运放 1 片。

2.6.5 实验内容

实验参考电压,$\pm V_{CC} = \pm 15$ V。

(1) 用 μA741 设计一个积分电路:已知输入 $u_{ip\text{-}p} = 1$ V、$f = 10$ kHz 的方波(占空比为 50%),设计 R、C 的值,使输出电压 $u_{op\text{-}p} = 0.25$ V,搭接电路并测量 $u_{op\text{-}p}$,画出 $u_{ip\text{-}p}$ 和 $u_{op\text{-}p}$ 的波形图(提示:选 $R_1 = 10$ kΩ 左右,$C = 0.01$ μF,选择 R_F 大小)。

(2) 设计一反相微分器,时间常数为 1 ms。

① 输入信号为三角波,频率为 1 kHz,幅度 $u_{\text{ip-p}} =$ 2 V,观测输出信号的幅度,与理论值比较。若输出有振荡,则对电路进行改进,直至振荡基本消除。

② 改变输入信号的频率,增大或减小,观测输出信号幅度的变化及失真情况,进一步掌握当输入信号频率变化时微分器的时间常数 RC 对输出的影响。

③ 输入信号由三角波改为 $f = 1$ kHz,$u_{\text{ip-p}} = 2$ V 的方波,观测输出信号的幅度,并与理论值进行比较。

(3) 用 $\mu A741$ 设计一个同相型电压/电流转换电路,参考实验电路如图 2.6.13 所示,并完成表2.6.1 中所列数据的测量。

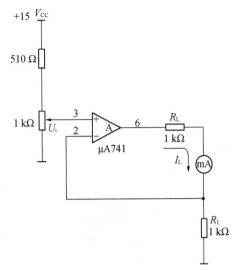

图 2.6.13　电压/电流转换电路的参考电路图

表 2.6.1　电压/电流转换电路的数据表

U_i	R_L	I_L(测量值)	I_L(计算值)	$R_{L\max}$(计算值)
0.5 V	1 kΩ			
	10 kΩ			
	20 kΩ			
	27 kΩ			
	33 kΩ			
1.0 V	470 Ω			
	1 kΩ			
	3.3 kΩ			
	4.7 kΩ			
	10 kΩ			
	15 kΩ			
3.0 V	470 Ω			
	1 kΩ			
	3.3 kΩ			
	4.7 kΩ			

2.6.6　实验报告要求

(1) 将积分电路的实验测量值(波形的幅度、周期等)与理论计算值进行比较,并进行讨论。

(2) 完成同相型电压/电流转换电路测量值的数据表格,绘出转换特性;观察在同一输入电压 U_i 下,R_L 存在一个满足线性转换关系的上限值;观察运放的电源电压值(或 U_{om} 值)如何限制电路的转换特性及负载电阻 R_L 的上限值。

2.6.7 思考题

(1) 在如图 2.6.1 所示的基本积分电路中,为了减小积分误差,对运放的开环增益、输入电阻、输入偏置电流及输入失调电流有什么要求?

(2) 根据什么来判断图 2.6.1 所示电路是积分电路还是反相比例运算电路?

(3) 在如图 2.6.13 所示电压/电流转换电路中,设 $U_{om} \approx V_{CC} = 6$ V,且 $U_i = 1$ V、$R_1 = 1$ kΩ,试求满足线性转换所允许的 R_{Lmax} 小于等于多少。

(4) 如果现有一个积分-微分电路,RC 参数一致,试分析电路输入端波形、积分后波形、微分后波形之间的关系。

2.7　集成运放在波形产生器中的应用

2.7.1　实验目的

(1) 掌握波形发生器的工作原理和设计方法。

(2) 掌握由集成运放构成正弦波发生器电路、方波发生器电路、三角波发生器电路的调试和主要性能指标的测试方法。

(3) 观察 RC 参数对振荡频率的影响,学习振荡频率、输出幅度的测试方法。

2.7.2　预习要求

(1) 复习有关 RC 正弦波振荡器的工作原理,并估算图 2.7.1 电路的振荡频率。

(2) 复习有关方波发生器的工作原理,并估算图 2.7.2 电路的振荡频率范围。

(3) 复习有关三角波发生器的工作原理,并估算图 2.7.6 电路的振荡频率范围。

2.7.3　实验原理

在通信、自动控制和计算机技术等领域中广泛采用各种类型的波形发生器。常用的波形有正弦波、矩形波(方波)、三角波和锯齿波。

集成运放是一种高增益放大器,只要加入适当的反馈网络,利用正反馈原理,满足振荡的条件,就可以构成正弦波、方波、三角波和锯齿波等各种振荡电路。由于受集成运放带宽的限制,其产生的信号频率一般在低频范围。

1) 正弦波信号发生器

正弦波产生电路常用的结构有 RC 移相式振荡器、RC 文氏电桥振荡器。RC 移相式振荡电路结构简单,但选频性能比较差,而且输出幅度不够稳定,一般只用于振荡频率固定,稳定性要求不高的场合,因此,我们主要介绍 RC 文氏电桥振荡电路。

RC 文氏电桥振荡电路又称 RC 串并联网络正弦波振荡电路,由以下四个部分组成:

(1) 放大电路:使电路对频率为 f_0 的输出信号有正反馈作用,能够从小到大,直到稳幅;而且通过它可将直流电源提供的能量转换成交流功率。

(2) 反馈网络:使电路满足相位平衡条件,以反馈量作为放大电路的净输入量。

(3) 选频网络:使电路只产生单一频率的振荡,即保证电路产生的是正弦波振荡。

(4) 稳幅环节:稳幅环节是一个非线性环节,可使输出信号幅值稳定。

在实际电路中,放大电路多为电压放大电路,且常将选频网络和正反馈网络合二为一。RC 串并联网络正弦波振荡电路适用于产生频率小于 1 MHz 的低频振荡信号,振幅和频率较稳定,频率调节方便,许多低频信号发生器的主振荡器均采用这种电路。如图 2.7.1 所示是一个典型的正弦波产生电路。

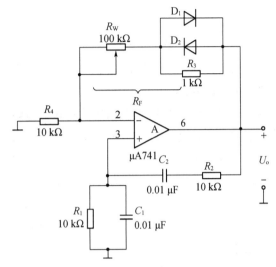

图 2.7.1 正弦波产生电路

图中 R_1、C_1、R_2、C_2 串并联选频网络构成正反馈支路,同时兼作选频网络,R_W、R_4 及 D_1、D_2、R_3 构成负反馈支路和稳幅环节,电位器 R_W 用于调节负反馈深度以满足振幅条件和改善其波形。在起振之初,振幅很小,流过二极管的电流也小,其正向电阻大,近似开路,总 R_F 增大,负反馈减弱,$A_u\left(=1+\dfrac{R_F}{R_4}\right)>3$,因此很快建立起振荡,随着振幅的增大,由于流经 D_1、D_2 的电流增加,其正向电阻变小,放大器的负反馈加深,即 R_F 下降,A_u 下降,直到下降到 3,电路达到振幅平衡条件 $|\dot{A}\dot{F}|=1$ 时,振幅停止增长,电路达到稳定。利用两个反向并联二极管 D_1、D_2 正向导通电阻的非线性特性来实现稳幅值。D_1、D_2 采用硅管(温度稳定性好),且要求特性匹配,才能保证输出波形正、负半周对称。二极管两端并联电阻 R_3 用于适当削弱二极管的非线性影响,以改善波形失真。

电路振荡的平衡条件是:

$\dot{A}\dot{F}=1$,即幅度平衡条件:

$$|\dot{A}\dot{F}|=1 \tag{2.7.1}$$

相位平衡条件:

$$\varphi_A+\varphi_F=\pm 2n\pi \quad (n=0,1,2,\cdots) \tag{2.7.2}$$

当 $R_1=R_2=R$,$C_1=C_2=C$ 时,电路的振荡频率为:

$$f_0=\frac{1}{2\pi RC} \tag{2.7.3}$$

根据串并联选频网络,当 $f=f_0$ 时,$F=1/3$,振幅平衡条件 $A_u\left(=1+\dfrac{R_F}{R_4}\right)\geqslant3$,故 R_4、R_F 取值为:

$$\frac{R_F}{R_4}\geqslant2 \tag{2.7.4}$$

式中,$R_F=R_W+(R_3//r_D)$,r_D 为二极管正向导通电阻。

调整反馈电阻 R_F(即调整电位器 R_W),使电路起振且波形失真最小,如不能起振,则说明负反馈太强,应适当加大 R_F(即调整电位器 R_W),如波形失真严重,则应适当减小 R_F(即调整电位器 R_W)。

选频网络中 R 的阻值与运放的输入电阻 r_i、输出电阻 r_o 应满足以下关系:$r_i\gg R\gg r_o$;为了减小偏置电流的影响,应尽量满足 $R=R_F//R_4$。振荡频率的改变可以通过调节 R 或 C 或同时调节 R 和 C 的参数来实现。工程设计中,一般通过改变电容 C 值(采用双联可调电容器)作频率量程切换(粗调),通过调节电阻 R 值(采用同轴电位器)作量程内的频率细调并实现频段覆盖。

由集成运算放大器构成的 RC 振荡电路一般是用来产生低频信号,如要产生高频信号,可采用 LC 振荡器。

2) 方波信号发生器

方波信号发生器是一种能够产生方波的信号发生器,由于方波或矩形波包含各次谐波分量,因此方波信号发生器又称为多谐振荡电路。它作为数字电路的信号源或模拟电子开关的控制信号,是非正弦波发生电路的基础。

利用集成运算放大器组成的具有上、下门限的迟滞比较器,和 RC 电路可以构成一个简单的方波信号发生器。RC 回路既作为延迟环节,又作为反馈网络,通过 RC 充放电实现输出状态的自动转换。

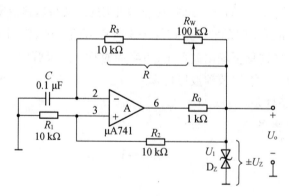

图 2.7.2 方波产生电路

方波产生电路如图 2.7.2 所示,由图可见它由一个反相输入的滞回比较器和一个 RC 定时电路组成。双向稳压管用于限定输出幅度,R_o 为稳压管的限流电阻。电路接通电源的瞬间,运放工作在饱和限幅状态,输出电压 U_o 等于 $+U_Z$ 或 $-U_Z$ 纯属偶然。假设输出处于正向限幅，$U_o = +U_Z$ 时，则通过 R 对电容 C 充电，U_C 按指数规律上升，当 U_C 上升到等于 $\dfrac{R_1}{R_1+R_2}U_Z$ 时，运放的输出翻转为负向限幅，$U_o = -U_Z$。若电容 C 反向放电，U_C 按指数规律下降，当 U_C 下降到等于 $-\dfrac{R_1}{R_1+R_2}U_Z$ 时，运放的输出又翻转为正向限幅，如此周而复始，形成方波输出电压，电容充电时，输出波形的正半周，电容放电时，输出波形的负半周。因为充、放电时间相同，所以输出的是方波（$D = 50\%$），波形如图 2.7.3 所示。

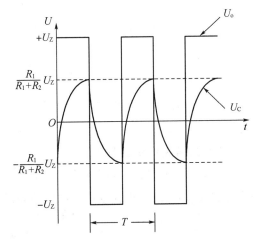

图 2.7.3 方波产生电路 U_o、U_C 波形图

输出方波的周期为 $T = 2RC\ln\left(1+\dfrac{2R_1}{R_2}\right)$。

可见，方波频率不仅与负反馈回路 RC 有关，还与正反馈回路 R_1、R_2 的比值有关，调节 R_W 就能调整方波信号的频率。图 2.7.3 为电容对地电压 U_C 和输出端电压 U_o 的波形图。

3） 占空比可调的矩形波信号发生器

在方波产生电路的基础上，利用二极管的单向导电性将充放电电路分开，即分别改变 RC 积分电路充放电时间常数，即可构成占空比可调的矩形波信号发生器，如图 2.7.4 所示。

通常将矩形波输出高电平的持续时间与振荡周期的比定义为占空比。

$$D = \frac{T_1}{T} = \frac{T_1}{T_1+T_2} \tag{2.7.5}$$

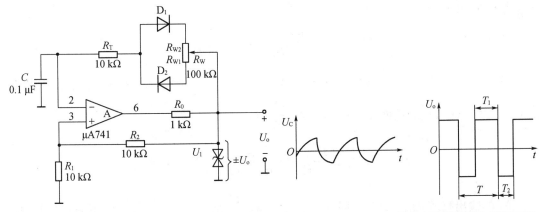

图 2.7.4 占空比可调的矩形波信号发生器电路　图 2.7.5 占空比可调的矩形波信号发生器波形图

充电回路：$U_o \rightarrow R_{W1} \rightarrow D_2 \rightarrow R_T \rightarrow C \rightarrow$ 地。放电回路：地 $\rightarrow C \rightarrow R_T \rightarrow D_1 \rightarrow R_{W2} \rightarrow U_o$。当 R_W 滑动头向上移动时，充电时间常数增大，放电时间常数减小，占空比 $D\left(=\dfrac{T_1}{T_1+T_2}\right)$ 变大，反之则变小。但总的 T 不变。即：

$$T_1 = (R_T + R_{w1})C\ln\left(1 + \frac{2R_1}{R_2}\right) \tag{2.7.6}$$

$$T_2 = (R_T + R_{w2})C\ln\left(1 + \frac{2R_1}{R_2}\right) \tag{2.7.7}$$

上述矩形波电路的频率取值范围，一般为几赫兹至几百千赫兹。电容 C 取值范围一般为 $100~\mu F \sim 10~pF$。

4) 三角波信号发生器

典型的三角波产生电路如图 2.7.6 所示。该电路是将一方波发生器的输出接至积分电路的输入，即可以从积分电路的输出端获得三角波。

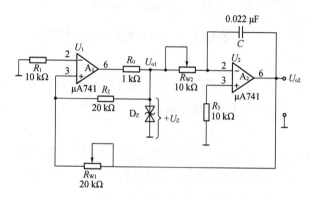

图 2.7.6　三角波产生电路　　　图 2.7.7　方波—三角波产生电路的波形图

图中 A_1 构成一个滞回比较器，其反向端经 R_1 接地，同相端电位 U_+ 由 U_{o1} 和 U_{o2} 共同决定，即 A_1 同相输入端：

$$U_+ = U_{o1}\frac{R_{w1}}{R_2 + R_{w1}} + U_{o2}\frac{R_2}{R_2 + R_{w1}} \tag{2.7.8}$$

当 $U_+ > 0$ 时，$U_{o1} = +U_z$；当 $U_+ < 0$ 时，$U_{o1} = -U_z$。A_1 构成反相积分器。假设电源接通时，$U_{o1} = -U_z$，U_{o2} 线性增加，当 $U_{o2} = R_{w1}\dfrac{U_z}{R_2}$ 时，

$$U_+ = -U_z\frac{R_{w1}}{R_2 + R_{w1}} + \frac{R_2}{R_2 + R_{w1}}\left(\frac{R_{w1}}{R_2}U_z\right) = 0 \tag{2.7.9}$$

A_1 的输出翻转，$U_{o1} = +U_z$，同样，当 $U_{o2} = R_{w1}\dfrac{U_z}{R_2}$ 时，$U_{o1} = -U_z$，这样不断地反复，便可得到方波 U_{o1} 和三角波 U_{o2}（图 2.7.7）。其三角波的峰值和周期为：

$$U_{o2m} = R_{w1}\frac{U_z}{R_2} \tag{2.7.10}$$

$$T = 4\frac{R_{w1}}{R_2}R_{w2}C \tag{2.7.11}$$

可见,调节 R_{W_1}、R_{W_2}、R_2、C 均可改变振荡频率,通过调整 R_{W_1} 可改变三角波的幅度,调整 R_{W_2} 可改变积分时间常数,即改变周期。调整电路时应先调整 R_2、R_{W_1},使输出幅度达到设计值,再调整 R_{W_2} 和 C 使振荡周期 T 得到满足。

5) 波形发生器的设计步骤

(1) 根据电路的设计指标,选择电路实现方案;

(2) 选择和计算确定电路中的元件参数;

(3) 选择集成运算放大器;

(4) 调试电路,以满足设计要求。

6) 以一个正弦波信号发生器为例介绍设计方法

(1) 任务

设计一个正弦波信号发生器,振荡频率为 500 Hz。电源电压变化±1 V 时,振幅基本稳定。振荡波形对称,无明显非线性失真。

(2) 要求

① 根据设计要求和已知条件确定电路方案,计算并选取各元件参数。

② 测量正弦波振荡电路的振荡频率,使之满足设计要求。

(3) 设计步骤

① 根据电路的设计指标,选择电路图 2.7.1 实现方案。

② 元件参数的确定与选择:

a. 确定 R、C 值

根据设计所要求的振荡频率 f_0,先确定 RC 之积,即 $RC = \dfrac{1}{2\pi f_0}$,R 的阻值应满足以下关系:$r_i \gg R \gg r_o$。

一般 r_i 约为几百千欧以上,而 r_o 仅为几百欧以下,初步选定 R 之后,由上式算出电容 C 值,然后再复算 R 取值是否能满足振荡频率的要求。若考虑到电容 C 的标称档次较少,也可以先初步选定电容 C 值,再算电阻 R。

b. 确定 R_4 和 R_F

电阻 R_4 和 R_F 应由起振的幅值条件 $\dfrac{R_F}{R_4} \geqslant 2$ 来确定,通常取 $R_F = (2.1 \sim 2.5) R_4$,这样既能保证起振,也不致产生严重的波形失真。此外,为了减少失调电流和漂移的影响,电路还应满足直流平衡条件,即 $R = R_4 /\!/ R_F$,于是可导出:$R_4 = \left(\dfrac{3.1}{2.1} \sim \dfrac{3.5}{2.5} \right) R$。

c. 确定稳幅电路及元件值

常用的稳幅方法,是利用 A_u 随输出电压振幅上升而下降的自动调节作用实现稳幅。为此 R_4 可选用正温度系数的电阻,或 R_F 选用负温度系数的电阻(如热敏电阻)。

在选取稳幅元件时,应注意以下几点:

(a) 稳幅二极管 D_1、D_2 宜选用特性一致的硅管。

(b) 并联电阻 R_3 的取值不能过大(过大对削弱波形失真不利),也不能过小(过小稳幅效果差),实践证明,取 $R_3 \approx r_D$ 时,效果最佳,通常 R_3 取 3~5 kΩ 即可。当 R_3 选定之后,R_W 的阻值可由式 $R_W = R_F - (R_3 /\!/ r_D) = R_F - \dfrac{R_3}{2}$ 求得。

d. 选择集成运算放大器

振荡电路中使用的集成运算放大器,除要求输入电阻高、输出电阻低外,最主要的是运算放大器的增益-带宽 $G \cdot BW$ 应满足如下条件,即 $G \cdot BW > 3f_0$,若设计要求的振荡频率 f_0 较低,则可选用任何型号的运算放大器(如通用型)。

e. 选择阻容元件

选择阻容元件时,应注意选用稳定性较好的电阻和电容(特别是串并联回路的 R、C),否则影响频率的稳定性。此外,还应对 RC 串并联网络的元件进行选配,使电路中的电阻、电容分别相等。

2.7.4 实验仪器和器材

(1) 示波器 1 台;(2) 交流电压表 1 只;(3) 直流稳压电源 1 台;(4) 函数发生器 1 台;(5) 实验箱 1 台;(6) μA741 运放 2 片。

2.7.5 实验内容

(1) 正弦波信号发生器

设计正弦波信号发生器,要求:振荡频率在 (1.6 ± 0.32)kHz 范围内连续可调;振荡幅度值不小于 10 V;波形无明显失真。

① 确定电路,计算确定元器件参数,并在实验箱上搭电路,检查无误后接通电源进行调试,调节反馈电阻,用示波器观察并画出 U_o(停振、失真、正常)的波形,并在正常波形时测量 R_F、R_4 的值,计算 $\dfrac{R_F}{R_4}$,分析负反馈强弱对起振条件及输出波形的影响。

② 缓慢调节电位器 R_W,用示波器观察稳定的最大不失真正弦波波形,用交流毫伏表分别测量输出电压有效值 U_o 和反馈电压 U_+ 的值,计算反馈系数 $F_u = U_+/U_o$,分析研究振荡的幅值条件。

③ 用示波器测量振荡周期 T,计算振荡频率 $f = 1/T$,与理论值比较并分析误差。

④ 用利萨如图形法测出振荡频率(该方法通常用于低频信号频率测量中)。测量步骤如下:

a. 将被测信号接入示波器 CH2 通道;

b. 将函数发生器输出的正弦波送入示波器 CH1 通道;

c. 示波器扫描速度开关置于 X 轴外接(即 $X-Y$ 工作方式);

d. 调整函数发生器的频率 f_X,在示波器屏幕上显示一椭圆,读取函数发生器所显示的频率即为被测信号的频率 f_0。

⑤ 在 C_1、C_2 上并联等值电容,用示波器重新测量一次振荡频率,并与理论值进行比较。

⑥ 观察 RC 串并联网络的幅频特性

将 RC 串并联网络与运放断开,由函数发生器输入 3 V 左右(峰-峰值)的正弦信号,并用双踪示波器同时观察 RC 串并联网络的输入、输出波形。保持输入幅值(3 V)不变,从低到高改变频率,当信号源达到某一频率时,RC 串并联网络的输出将达到最大值(约 1 V),且显示的输入、输出波形同相位。信号源频率由式(2.7.3)计算。

(2)方波信号发生器

① 按图 2.7.2 所示电路接线,接通±15 V 电源;

② 将电位器 R_W 调至中心位置,用示波器观察 U_o、U_C 的波形,并测量其电压峰-峰值,画出波形,标注幅度,周期等参数;

③ 调节 R_W 达到最大和最小值时,观察 U_o、U_C 波形幅值频率变化的规律,分别测量 R_W 调至最大和最小值时方波的频率 f_{min} 和 f_{max},并与理论值比较。

(3)占空比可调的矩形波信号发生器

① 按图 2.7.4 所示电路接线,接通±15 V 电源;

② 内容同(2)中第②项;

③ 调节 R_W,观察波形宽度的变化情况,分别测量 R_W 调至最大和最小值时的矩形波占空比,并与理论值比较。

(4)三角波产生电路

① 按图 2.7.6 所示电路接线,接通±15 V 电源;

② 调节电位器 R_{W1} 至合适位置,用示波器观察并绘出方波输出 U_{o1} 和三角波输出 U_{o2} 的波形,测其幅值、频率及 R_{W1},记录结果,并与理论值比较;

③ 观察 R_{W1}、R_{W2} 对波形的影响。

2.7.6　实验报告要求

对测量数据进行整理,对数据误差进行分析。

2.7.7　思考题

(1)试根据实验数据分析正弦波振荡电路的振幅条件。

(2)正弦波振荡电路中运放工作在什么区域?

(3)简述图 2.7.1 中二极管 D_1、D_2 及电阻 R_3 的作用。

(4)将振荡频率的理论值与实测值比较,分析误差产生的原因。

(5)图 2.7.2 电路中运放工作在什么区域? R_W 变化时对 U_o 波形的幅值及频率有何影响?

(6)试推导方波信号发生器的振荡频率公式。

(7)如何将三角波信号发生器电路进行改进,使之产生锯齿波信号?

(8)设计一个用集成运放构成的方波-三角波发生器,要求振荡频率范围为 500 Hz～

1 kHz，三角波幅度调节范围为 2~4 V。

2.8 *LC* 振荡器及选频放大器

2.8.1 实验目的

（1）研究 *LC* 正弦波振荡器的特性。
（2）研究 *LC* 选频放大器的幅频特性。

2.8.2 预习要求

（1）用 *LC* 电路三点式振荡条件及频率计算方法，计算如图 2.8.1 所示电路中当电容 *C* 分别为 0.047 μF 和 0.01 μF 时的振荡频率。
（2）*LC* 选频放大器的频率特性分析方法。

2.8.3 实验原理

正弦波振荡器通常是利用正反馈原理构成的反馈振荡器，它是由放大器和反馈回路构成的闭合回路。根据选频网络的不同，可分为 *RC* 振荡器、*LC* 振荡器和晶体振荡器。*LC* 振荡器的频率通常在几十千赫兹到几十兆赫兹，主要用来产生高频正弦波信号，由于常用的集成运算放大器的频带较窄，所以 *LC* 振荡电路一般由分立元件组成。*LC* 振荡电路按照反馈方式不同，通常有变压器反馈式、电感三点式和电容三点式。图 2.8.1 为三点式 *LC* 振荡器的基本等效电路，根据相位平衡条件，同时对应其振荡电路中的三个电抗 X_1、X_2 必须为同性质电抗，X_3 必须为异性质电抗，即当回路谐振时（$\omega = \omega_0$），$X_3 = -(X_1 + X_2)$。回路呈纯阻。当 X_1 和 X_2 均为容

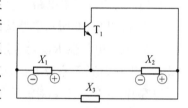

图 2.8.1 三点式 *LC* 振荡器的基本等效电路

抗，X_3 为感抗，称为电容三点式 *LC* 振荡器（也称考毕兹振荡器）；若 X_1、X_2 为感抗，X_3 为容抗，则为电感三点式 *LC* 振荡器（也称哈特莱振荡器）。其中电容三点式具有较好的振荡波形和稳定性。电路形式简单，适于在较高的频段工作。

1）*LC* 并联谐振回路

上述三种 *LC* 振荡电路的共同特点是用 *LC* 并联谐振回路作为选频网络。*LC* 并联谐振回路的电路如图 2.8.2 所示，其中 *R* 是折算到该回路的等效负载电阻及该回路本身的损耗电阻，通常较小。

其谐振角频率：

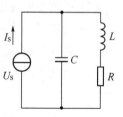

$$\omega_0 = \frac{1}{\sqrt{\left(1 + \frac{1}{Q^2}\right)}\sqrt{LC}}, \quad Q = \frac{\omega_0 L}{R} \qquad (2.8.1)$$

图 2.8.2 *LC* 并联谐振回路电路

通常

$$Q \gg 1, \text{因此} \; \omega_0 \approx \frac{1}{\sqrt{LC}} \; \text{或} \; f_0 = \frac{1}{2\pi\sqrt{LC}} \tag{2.8.2}$$

其中,Q 称为品质因数,它是 LC 并联谐振回路的重要指标,Q 越大,阻抗的相角在 ω_0 附近变化越快,选频效果越好。

2) 选频放大电路

LC 并联谐振回路作为单管共射放大电路的集电极负载则可组成选频放大电路,如图 2.8.3 所示。该电路由于并联谐振回路的阻抗只是在信号频率 $f = f_0$ 时才呈现出最大值,且为纯电阻性,因此输出幅度最大。而在其他频率时,集电极等效电阻很小,输出幅度也很小,同时,因为在 $f = f_0$ 时,为纯电阻性,则此时输出电压与输入电压反相,即 $\varphi_A = \pi$。

因为放大器只对谐振频率 f_0 的信号有放大作用,故称为选频放大器。它是构成 LC 振荡器的基础。对应如图 2.8.3 所示电路。其谐振频率为:

$$f_0 = \frac{1}{2\pi\sqrt{LC}} = \frac{1}{2\pi\sqrt{L\dfrac{C_1 C_2}{C_1 + C_2}}} \tag{2.8.3}$$

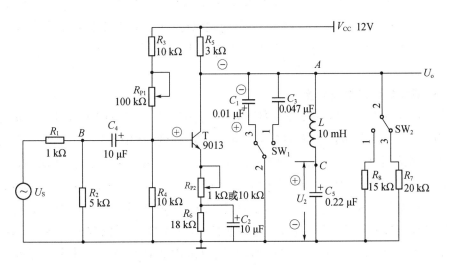

图 2.8.3　LC 选频与振荡实验电路图

3) 电容三点式正弦波振荡电路

在如图 2.8.3 所示选频放大电路中,将 B 点和 U_S、R_1、R_2 断开,改接到 C 点,即构成电容三点式正弦波振荡电路。(相位关系见图 2.8.3 中+、—所示,可对应图 2.8.1 分析)

(1) 静态工作点的调整

合理选择振荡器的静态工作点,对振荡器工作的稳定性及波形的好坏有一定的影响,偏置电路一般采用分压式偏置电路。在图 2.8.3 中是通过调整 R_{P1} 来调整分压比,使集电极电压调至 6 V 左右。

当振荡器稳定工作时,振荡器工作在非线性状态,通常是依靠晶体管本身的非线性实现稳幅。若选择晶体管进入饱和区来实现稳幅,则将使振荡回路的等效 Q 值降低,输出波形变差,频率稳定度降低。因此,一般在小功率振荡器中总是使静态工作点远离饱和区,靠近截止区。

(2) 振荡频率 f_0 的计算

$$f_0 = \frac{1}{2\pi\sqrt{LC}} = \frac{1}{2\pi\sqrt{\dfrac{(C_1 \times C_5) \times L}{C_1 + C_5}}} = \frac{1}{6.28\sqrt{10 \times 10^3 \times \dfrac{0.01 \times 0.22 \times 10^{-6}}{0.01 + 0.22}}} \approx 16.28\,(\text{kHz})$$

(3) 反馈系数 $\dot{F}$ 的选择

$$\dot{F}(\omega_0) = \frac{\dot{U}_2}{\dot{U}_0} = \frac{C_1}{C_2} \tag{2.8.4}$$

通过适当选取 C_1、C_2 的比值,可以获得足够大的反馈量,F 也不宜过大或过小,一般经验数据取值 $F \approx 0.1 \sim 0.5$。

同时,通过调整放大器射极反馈电阻 R_{P2},使放大电路具有足够的放大倍数,使振荡电路的起振条件和振幅平衡条件得到满足和保证,即 $\dot{A}\dot{F} = 1$,电路就能产生自激振荡。电容三点式振荡电路的反馈电压从电容器 C_2 的两端取得,所以对于高次谐波 C_2 的阻抗很小,使输出波形较好。而且 C_1 和 C_2 可以选择得很小,这样振荡频率可以很高,一般可达 100 MHz。

4) LC 振荡器的频率稳定度

频率稳定度是振荡器的一项重要技术标准,它表示在一定时间范围内或一定的温度、湿度、电源、电压等变化范围内振荡频率的相对变化程度,常用表达式 $\Delta f_0 / f_0$ 来表示(f_0 为所选择的测试频率,一般为标定频率;$\Delta f_0 = f_{02} - f_{01}$ 为振荡频率的频率误差,f_{02} 和 f_{01} 为不同时刻的 f_0),频率相对变化量越小,表明振荡频率的稳定度越高。由于振荡回路的元件是决定频率的主要因素,因此要提高频率稳定度,就要设法提高振荡回路的标准性,除了采用高稳定性和高 Q 值的回路电容和电感外,其振荡管可以部分接入,以减少晶体管极间电容和分布电容对振荡回路的影响,还可采用负温度系数元件实现温度补偿。

2.8.4　实验仪器和器材

(1) 示波器 1 台;(2) 函数发生器 1 台;(3) 频率计 1 台;(4) 实验箱 1 台;(5) 阻容元件若干。

2.8.5　实验内容

1)　测试选频放大器的幅频特性

(1) 按如图 2.8.3 所示实验电路图搭接电路,先接入电容 C_1(0.01 μF)。

（2）调整合适的静态工作点，通过调节 R_{P1}，使晶体管 T 的集电极电压 U_A 在 6 V 左右。

（3）调整函数发生器输出的正弦波幅度和频率同，使频率 f 在理论计算的谐振频率 f_0 左右。先微调 f，同时用示波器和电子电压表观察输出电压 $U_o（U_A）$ 出现最大值的频点 f_0'，即实际谐振频率点。依据此频率（f_0'），在不失真的条件下，尽可能使 U_o 较大，同时确定所对应的输入电压 U_S 值。

（4）在 U_S 值保持不变的条件下，以 f_0' 为基点按表 2.8.1 递增和递减若干 Δf，分别测出对应的输出电压值，并按此表中的测量数据，绘出选频放大器的幅频特性曲线图。

（5）将 C_1 改成 C_3（0.047 μF）重复以上实验步骤。

表 2.8.1　选频放大器的幅频特性测试表

频率 f/kHz	$f_0'-2$ kHz	$f_0'-1$ kHz	$f_0'-0.5$ kHz	f_0'	$f_0'+0.5$ kHz	$f_0'+1$ kHz	$f_0'+2$ kHz
输出电压 U_o/V							
A_u							

2）LC 振荡器的研究

将图 2.8.3 中的信号源 U_S、R_1、R_2 去除，从 B 点引线至 C 点连接。构成电容三点式振荡电路。

（1）现将 R_{P2} 调至零，振荡器起振，并用示波器观测振荡器的输出电压 U_o 的波形。

（2）调整负反馈可调电阻 R_{P2}，改变放大倍数，将被测正弦波调整为不失真且稳定的正弦波，此时满足 $\dot{A}\dot{F}=1$ 的振荡条件。

（3）测出振荡波的频率 f_0''，算出理论值 f_0 及选频放大器的实际值 f_0'，并进行误差计算与分析。

（4）用电子电压表分别测量 U_o（即 U_A）、U_B、U_2 的电压值，验证 $\dot{A}\dot{F}=1$ 的振荡条件。

（5）调整 R_{P2}，加大负反馈。观察振荡器是否停振。

（6）输出分别接入负载电阻 $R_7=20$ kΩ 和 $R_8=15$ kΩ 时，观察波形的变化。

2.8.6　实验报告要求

（1）由实验内容（1）测试的数据，作出选频放大器的 $|A_u|$-f 曲线。

（2）记录实验内容（2）的各步实验现象，并解释原因。

（3）总结负反馈对振荡幅度和波形的影响。

（4）分析静态工作点对振荡条件和波形的影响。

2.8.7　思考题

（1）振荡电路起振的基本条件是什么？

（2）结合如图 2.8.3 所示电路分析如何调节电路参数使电路满足振荡条件而起振。

2.9 集成低频功率放大电路

2.9.1 实验目的

（1）通过对集成低频功率放大电路的设计、安装和调试，掌握功率放大器的工作原理。

（2）熟悉线性集成组件的正确选用和外围电路元件参数的选择方法。

（3）掌握集成低频功率放大器特性指标的测量方法。

2.9.2 预习要求

（1）复习功率放大器的工作原理，按指标要求估算外电路各参数值，画出实验电路，并标出元件编号和元件参数值。

（2）按要求自行设计实验电路布线图，并标注元件编号和元件参数值。

（3）根据 LM386 内部电路和 V_{CC} 电压值，计算各引脚的直流电位，列表以便与实测值进行比较分析。

2.9.3 实验原理

1）*功率放大器*

在多级放大器中，一般包括电压放大级和功率放大级。电压放大级的主要任务在于不失真地提高输出信号幅度，其主要技术指标是电压放大倍数、输入电阻、输出电阻、频率响应等；而功率放大器作为电路的输出级，其主要任务是在信号不失真或轻度失真的条件下提高输出功率，其主要技术指标是输出功率、效率、非线性失真等。所以在设计和制作功率放大器时，应主要考虑以下几个问题：

（1）输出功率尽可能地大；

（2）效率要高，功放管一般工作在甲乙类或乙类工作状态；

（3）非线性失真要小，应根据工程上不同的应用场合满足不同的要求；

（4）热稳定性要好，即解决好管子或组件的散热问题。

基于上述要求，功率放大器的主要指标有：

（1）最大不失真输出功率 P。

最大不失真输出功率是指在正弦输入信号下，输出不超过规定的非线性失真指标时，放大电路最大输出电压和电流有效值的乘积。在测量时，可用示波器观察负载电阻上的波形，在输出信号最大且满足失真度要求时，测量输出电压有效值，即可得：

$$P_{omax} = U_o^2/R_L。$$

（2）功率增益 A_P

功率增益定义为：

$$A_P = 10\lg\frac{P_o}{P_i} \tag{2.9.1}$$

式中：P_o 为输出功率；P_i 为输入功率。

（3）直流电源供给功率 P_E

电源供给的功率定义为电源电压和它所提供的电流平均值的乘积 $P_E = E \cdot I$，$I = \dfrac{E}{R_L}$，即

$$P_E = E^2/R_L。 \tag{2.9.2}$$

（4）效率 η

放大器的效率是指提供给负载的交流功率与电源提供的直流功率之比，即

$$\eta = P_{omax}/P_E。 \tag{2.9.3}$$

2）集成功率放大器

早期功率放大器主要由电子管、晶体管和电阻、电容等分立元件组成。随着电子技术的发展，目前许多功能电路已由功率集成电路组件所代替，以满足不同应用场合的需要，如音响设备的音频功率放大电路、电视机中的场扫描电路等。电路的一般形式选择甲乙类的射极输出器构成的互补（或准互补）对称电路，并常常采用自举电路以提高输出功率。

随着应用的扩大和集成工艺的改进，集成功率放大电路的发展十分迅速，它的种类很多，如 DG4100、DG4101、DG4102、DG4110、DG4112、LM386 等。

（1）由 LA4100 组成的集成功率放大电路

LA4100（DG4102）内部电路如图 2.9.1 所示，主要由直接耦合的 4 级放大器即前置放大级（差动放大级）、中间放大级、功率推动级和互补对称功率输出级及偏置电路组成。4 级放大器具有如下的特点：① 噪声系数小、输入阻抗高；② 电压增益高；③ 有较大的推动电流并在集成功放的 1 脚和 13 脚（见图 2.9.2）外接自举电容 C_8 提高推动电压；④ 实现功率放大。

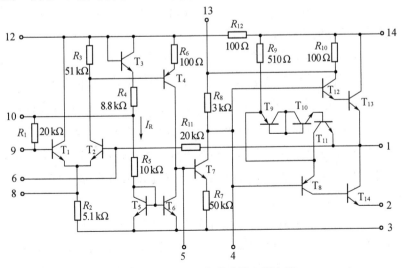

图 2.9.1 LA4100 集成功放内部电路

由 LA4100 型集成功放组成的实验原理电路如图 2.9.2 所示,其主要由 LA4100 集成功放,耦合电容 C_1、C_9,滤波电容 C_2、C_3、C_6,反馈电容 C_F 和反馈电阻 R_F、R_1,电位器 R_P,消振电容 C_4、C_5、C_7,自举电容 C_8 及负载电阻 R_L 组成。电容 C_4、C_5 利用相位补偿的方法进行消振。整个集成功放由输出 1 脚向输入级基极引入电阻 R_1,并通过外接电容 C_F 和电阻 R_F 形成深度电压串联负反馈(见图 2.9.2),其电压总增益 $A_{uf} = 1 + \dfrac{R_{11}}{R_F} \approx \dfrac{R_{11}}{R_F}$,调整 R_F,既能灵活改变整个放大电路的电压增益,也可固定选取较小的 R_F 的值,然后在 1 脚与 C_F 和 R_F 的连接点接入与 R_1 相并联的电阻或电位器以便灵活地调节电压增益。

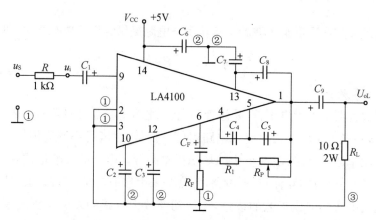

图 2.9.2 LA4100 集成功放组成的实验原理电路

(2) 由 LM386 组成的集成功率放大电路

LM386 是目前应用较广的通用型集成功率放大电路,其特点是频响宽(可达数百千赫兹)、功耗低(常温下是 660 mW)、适用的电源电压范围宽(额定范围为 4~16 V)。它广泛用于收音机、对讲机、随身听和录放机等音响设备中。在电源电压为 9 V,负载电阻为 8 Ω 时,最大输出功率为 1.3 W;当电源电压为 16 V,负载电阻为 16 Ω 时,最大输出功率为 1.6 W。该电路外接元件少,使用时不需加散热片。

图 2.9.3 是其原理电路图,它由输入级、中间级和输出级组成。其中输入级是由 T_1、T_2、T_3 和 T_4 组成的复合管差动放大电路,T_5、T_6 是镜像恒流源电路,它作为差动放大电路的有源负载,以实现双端输出变单端输出将信号送到中间级 T_7,它是带恒流源负载的共射电路;输出级是由 T_8、T_9 和 T_{10} 组成的准互补功率放大电路,其输出端 5 通过 R_6 组成的电压串联交、直流负反馈,以稳定电路的静态工作点和改善放大器的性能。LM386 有 8 个引脚,其中 2 是反相输入端、3 是同相输入端、5 是输出端、1 和 8 是增益设定端、6 脚是 U_{CC} 端,4 脚是接地端,图 2.9.4 是其接脚图。

如图 2.9.3 所示,电路的增益设定是通过在 1、8 端之间接不同大小的电阻和电容,以改变交流负反馈系数来实现的。电路增益 A_u 与反馈电阻 R_6、电阻 $(R_4 + R_5)$ 之间有以下关系:当电路输入差模信号时,电阻 $(R_4 + R_5)$ 的中点是交流地电位,因而交流负反馈系数为

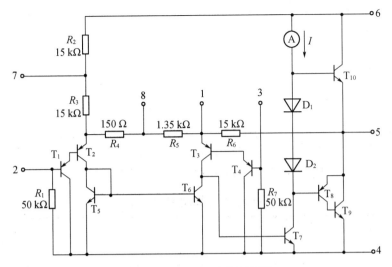

图 2.9.3 LM386 电路原理图

$$F=\frac{(R_4+R_5)/2}{(R_4+R_5)/2+R_6}=\frac{R_4+R_5}{R_4+R_5+2R_6}$$，电路可认为工作在深

度负反馈状态，故有 $A_u\approx\dfrac{1}{F_{uu}}=1+\dfrac{2R_6}{R_4+R_5}$。由图 2.9.3 可

知，$R_6=15\ \mathrm{k\Omega}$，而 (R_4+R_5) 的大小取决于 1、8 端之间所接电

阻的大小。所以，当 1、8 断开时，等效电阻为 $(R_4+R_5)=1.5$

$\mathrm{k\Omega}$，则电路增益约为 20；若 1、8 端之间接 $10\ \mu\mathrm{F}$ 的电容器时，

图 2.9.4 LM386 接脚图

等效电阻为 $0.15\ \mathrm{k\Omega}$，则电路增益约为 200；如果接入 $47\ \mathrm{k\Omega}$ 电阻与 $10\ \mu\mathrm{F}$ 电容的串联电路，

可计算得到电路增益约为 50。通过调节可变电阻 R_P 的大小可以使电路增益在 $20\sim200$ 之

间变化。

如图 2.9.5 所示是集成功率放大器
LM386 的接线图。图中 R_P、C_2 如上所述
是用来调节电路增益的；R_1 和 C_4 组成容
性负载，抵消扬声器部分的感性负载，以防
止在信号突变时，扬声器上呈现较高的瞬
时电压而损坏，且可改善音质；C_3 为单电源
供电时所需的隔值电容；C_5 是电源退耦电
容，用以消除自激振荡。

2.9.4　实验仪器和器材

（1）示波器 1 台；（2）函数发生器 1 台；
（3）直流稳压电源 DF1701S 1 台；（4）交流

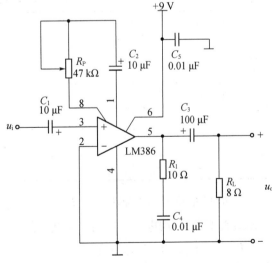

图 2.9.5 由 LM386 构成的功率放大器接线图

毫伏表 SX2172 型 1 台；(5) 失真度测试仪 BSI 型 1 台；(6) LM386 1 片及电阻、电容若干；
(7) 8 Ω/2 W 喇叭 1 只；(8) 收录机 1 台。

2.9.5 实验内容与方法

(1) 按照图 2.9.5 连接电路图；调整电源电压，使 $V_{CC}=9$ V。

(2) 列数据表格测量静态工作点。

用万用表测量集成组件 V_6、V_5 引脚的对地电压，在第 6 脚串入电流表测量静态电流
I_o，填入表 2.9.1 中，并对照内部电路分析测试数据的正确性。

表 2.9.1 测量数据表(一)

V_{CC}	I_o	V_5 脚
9 V		

(3) 测量功率放大器的性能指标

用 8 Ω 喇叭(或 2 W 功率电阻)作为负载 R_L，对电路进行调整与测试，测试前，首先用示
波器观察输出电压波形，逐渐增大输入信号 u_i，观察波形无自激振荡方可进行以下测量。

① 将 LM386 的 1、8 脚开路时，调整输入信号 $u_i=40$ mV 有效值，$f=1$ kHz，测量输出
电压 u_o 及 I_o，填入表 2.9.2 中，计算输出功率及效率，且用示波器观察输入电压 u_i、输出电
压 u_o 的波形。

② 将 LM386 的 1、8 脚间接 R_P、C_2，先将输入电压 u_i 用毫伏表调整到 20 mV，再将毫伏
表接入输出电压端，调整 R_P 使输出电压等于 1 V(注意：此时函数发生器输出旋钮保持不
变)。观察输出波形(不失真)并测量出 I_o，填入表 2.9.2 中，计算输出功率及效率。

表 2.9.2 测量数据表(二)

脚 1、8 间	开路	接 R_P、C_2	接 10 μF
u_i/mV	40	20	
u_o		1 V	
$A_u=u_o/u_i$			
I_o/mV			
P/W			
η			

③ 测量最大不失真输出功率 P_{omax}，调整输入电压 u_i，用示波器观察输出电压波形 u_o 使
输出最大不失真，用电子电压表测出此时的 u_i、u_{omax}、I_o，计算 P_{omax}、η。

$P_{omax}=u_{omax}^2/R_L$(u_{omax} 为最大不失真输出正弦信号的电压有效值)；$\eta=P_{omax}/(V_{CC}I_o)$。

注意事项：

① 由于低频功率放大器处于大信号工作状态，在接线中若元件分布及排线走向不合理

极易产生自激振荡或放大器工作不稳定的情况,严重时甚至无法正常工作导致无法测量,所以在观察波形时要确保无自激振荡方可进行测量。若出现高频自激,可适当加大补偿电容,或合理布局调整元件分布位置消除自激;走线不能迂回交叉,输入/输出回路应远离,避免前后级信号交叉耦合。电源接地端应和输出回路的负载接地端靠在一起,各级电路"一点接地";引线应尽量粗而短,充分利用元件引脚线,不用或少用"过渡线"。

②　选择的喇叭功率应符合输出功率要求,试听时要控制音响度,防止烧坏喇叭。

③　万用表测量电流后应恢复到电压量程,表笔也应同时恢复到原来测量电压的位置。

④　试听过程中信号源(如录放机)输出引线切勿短路。

2.9.6　实验报告要求

(1) 自拟实验数据表格,列出测量数据并进行计算,分析结果。

(2) 对实验过程中出现的现象(波形、数据)和调测过程进行分析和讨论。

2.9.7　思考与讨论

(1) 如何消除电路中的交越失真,本电路中采取了何种措施?

(2) 在图 2.9.3 中,如果没有 D_1、D_2(即 T_8、T_9 的基极直接相连),则输出波形是怎样的?

(3) 如实验结果得到的效率大于 78.5%,正确吗?

(4) 简述图 2.9.5 中 R_P、C_2 的作用。

(5) 简述图 2.9.5 中 R_1、C_4 的作用。

2.10　精密整流电路

2.10.1　实验目的

(1) 了解精密半波整流电路及精密全波整流电路的电路组成、工作原理及参数估算。

(2) 学会设计、调试精密全波整流电路,观测输出、输入电压波形及电压传输特性。

2.10.2　预习要求

熟悉精密整流电路的组成、工作原理及其参数估算,考虑如何测量其电压传输特性。

2.10.3　实验原理

将交流电压转换成脉动的直流电压,称为整流。众所周知,利用二极管的单向导电性,可以组成半波及全波整流电路。在图 2.10.1(a)中所示的一般半波整流电路中,由于二极管的伏安特性如图 2.10.1(b)所示,当输入电压 u_i 幅值小于二极管的开启电压 U_{ON} 时,二极管在信号的整个周期均处于截止状态,输出电压始终为零。即使 u_i 幅值足够大,输出电压也只反映 u_i 大于 U_{ON} 的那部分电压的大小,故当用于对弱信号进行整流时,必将引起明显的误差,甚至无法正常整流。如果将二极管与运放结合起来,将二极管置于运放的负反馈回路中,那么可将上述二极管的非线性及其温漂等影响降低至可以忽略的程度,从而实现对弱小信号的精密整流或线性整流。

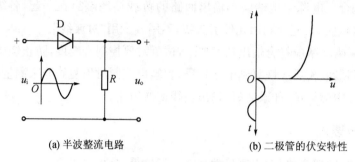

(a) 半波整流电路　　　　　　(b) 二极管的伏安特性

图 2.10.1　一般半波整流电路

1) 精密半波整流

图 2.10.2 给出了一个精密半波整流电路及其工作波形与电压传输特性。下面简述该电路的工作原理:

当输入 $u_i > 0$ 时,$u_o < 0$,二极管 D_1 导通、D_2 截止,由于 N 点"虚地",故 $u_o \approx 0$($u_o \approx -0.6 \text{ V}$)。

当输入 $u_i < 0$ 时,$u_o' > 0$,二极管 D_2 导通、D_1 截止,运放组成反相比例运算器,故 $u_o = -\dfrac{R_2}{R_1}u_i$,若 $R_1 = R_2$,则 $u_o = -u_i$。其工作波形及电压传输特性如图 2.10.2(b)(c)所示。电路的输出电压 u_o 可表示为

$$u_o = \begin{cases} 0 & u_i > 0 \\ -u_i & u_i < 0 \end{cases} \tag{2.10.1}$$

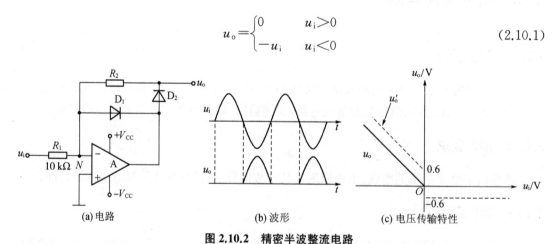

(a) 电路　　　　　　(b) 波形　　　　　　(c) 电压传输特性

图 2.10.2　精密半波整流电路

这里,只需极小的输入电压 u_i 即可有整流输出,例如,设运放的开环增益为 10^5,二极管的正向导通压降为 0.6 V,则只需输入为 $|u_i| = \dfrac{0.6 \text{ V}}{10^5} = 6 \ \mu\text{V}$ 以上,即有整流输出。同理,二极管的伏安特性的非线性及温漂影响均被压缩到原来的 $1/10^5$。

2） 精密全波整流

图 2.10.3 给出一个具有高输入阻抗的精密全波整流电路及其工作波形与电压传输特性。

当输入 $u_i > 0$ 时，$u_o' > 0$，二极管 D_1 导通、D_2 截止，故 $u_N = u_i$。运放 A_2 为差分输入放大器，由叠加原理知 $u_o = \dfrac{-2R}{2R}u_N + \left(1 + \dfrac{2R}{2R}\right)u_i = -u_i + 2u_i = u_i$。

当输入 $u_i < 0$ 时，$u_o' < 0$，二极管 D_2 导通、D_1 截止，此时，运放 A_1 为同相比例放大器，所以 $u_{o1} = u_i\left(1 + \dfrac{R}{R}\right) = 2u_i$，同样由叠加原理可得运放 A_2 的输出为 $u_o = u_{o1}\left(-\dfrac{2R}{R}\right) + u_i\left(1 + \dfrac{2R}{R}\right) = -4u_i + 3u_i = -u_i$，故最后可将输出电压表示为：

$$u_o = \begin{cases} u_i & u_i > 0 \\ -u_i & u_i < 0 \end{cases} \tag{2.10.2}$$

即 $u_o = |u_i|$，

即输出电压为输入电压的绝对值，故此电路又称绝对值电路。

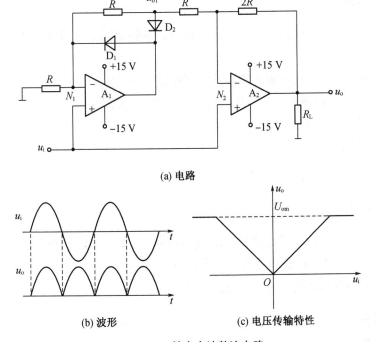

(a) 电路

(b) 波形   (c) 电压传输特性

图 2.10.3 精密全波整流电路

2.10.4 实验仪器和器材

（1）示波器 1 台；（2）函数发生器 1 台；（3）直流稳压电源 1 台；（4）交流毫伏表 SX2172 1 台；（5）实验箱 1 台；（6）万用表 1 只；（7）μA741 运放若干。

2.10.5 实验内容

（1）根据图 2.10.2(a)所示的精密半波整流电路，取 $R_1 = R_2 = 10\text{ k}\Omega$；输入正弦信号 $f = 100\text{ Hz}$，取 $u_i = 5\text{ V}$、1 V、30 mV 有效值（用交流电压表测量），用万用表 DCV 挡分别测量 u_o 值（列表）。观察并绘出输入/输出波形，电压传输特性 u_i-u_o。调节 u_i 的幅度，找出输出的最大值 u_{omax}。

（2）根据图 2.10.3(a)所示的精密全波整流电路，取 $R = 10\text{ k}\Omega$；输入正弦信号 $f = 100\text{ Hz}$，取 $u_i = 5\text{ V}$、1 V、30 mV 有效值（用交流电压表测量），用万用表 DCV 挡分别测量 u_o 值（列表）。观察并绘出输入/输出波形，电压传输特性 u_i-u_o。调节 u_i 的幅度，找出输出的最大值 u_{omax}。

2.10.6 实验报告要求

整理实验结果，取得精密全波整流电路的工作波形及电压传输特性，并与理想精密全波整流特性相比较，指出误差并分析其原因。

2.10.7 思考与讨论

（1）若将图 2.10.2(a)电路中的两个二极管均反接，试问：电路的工作波形及电压传输特性将会如何变化？

（2）精密整流电路中的运放工作在线性区还是非线性区？为什么？

（3）如图 2.10.3(a)所示电路为什么具有很高的输入电阻？

2.11 有源滤波器

2.11.1 实验目的

（1）进一步理解由运放组成的 RC 有源滤波器的工作原理和主要性能。

（2）熟练掌握二阶 RC 有源滤波器的设计方法。

（3）掌握二阶有源滤波器的基本测试方法。

2.11.2 预习要求

（1）复习模拟电子技术课程中有关有源滤波器的内容，掌握实验电路的基本工作原理。

（2）根据实验内容的要求，事先设计好各个滤波电路，计算出相关参数，拟定实验方案及步骤。

（3）条件允许时，用计算机辅助分析工具对实验内容进行计算，给出仿真结果，以备与实验测试结果比较。

2.11.3 实验原理

对于信号频率具有选择性的电路称为滤波电路。其作用是允许一定频率范围内的信号通过，而阻止或削弱（即滤除）其他频率范围的信号。

滤波电路（滤波器）是最通用的模拟电路单元之一，几乎在所有的电路系统中都会用到它。以我们常用的电视和广播为例，当我们调台时，至少用到了 3 个滤波器，稍微高档一点的可能用到 5 个以上，其实"调台"在电路中的意思是使对应频率的信号通过（想要接收的频道），而隔离或抑制其他频率的信号，如图 2.11.1 所示。通常在 200 kHz（调频广播）或 6.5 MHz（电视）范围内相邻调频电台或电视台会有 80 dB 的抑制度。

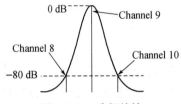

图 2.11.1　选频特性

滤波器根据幅频特性或相频特性的不同可分为低通滤波器（LPF）、高通滤波器（HPF）、带通滤波器（BPF）和带阻滤波器（BEF）。其各自的幅频特性如图 2.11.2 所示，每个特性曲线均包含通带、阻带和过渡带三个部分，通带中的电压放大倍数称为通带放大倍数 A_{up}。由幅频特性中可以看出，在通带和阻带之间有过渡带，过渡带越窄，过渡带中电压放大倍数的下降速率越大，滤波特性越好。特性中使通带放大倍数下降到 0.707 倍的频率称为通带截止频率 f_P。

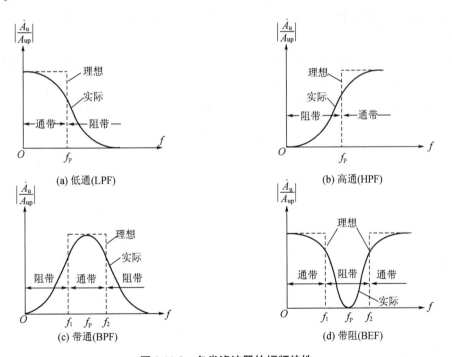

图 2.11.2　各类滤波器的幅频特性

滤波器按截止频率附近的幅频特性和相频特性的不同，又可分为巴特沃兹（Butterworth）滤波器、切比雪夫（Chebshev）滤波器和椭圆（Elliptic）滤波器，其各自的幅频特性如图 2.11.3

所示。其中巴特沃兹滤波器在通带内响应最为平坦;切比雪夫滤波器在通带内的响应在一定范围内有起伏,但带外衰减速率较大;椭圆滤波器在通带内和止带内的响应都在一定范围内有起伏,具有最大的带外衰减速率。

滤波器按是否采用有源器件又可分为无源滤波器和有源滤波器。由无源元件(电阻、电容、电感)组成的滤波电路称为无源滤波器;由无源元件和有源元件(双极型管、单极型管、集成运放)共同组成的滤波电路称为有源滤波器。无源滤波器电路简单,工作可靠,适用于高电压大电流,但缺点明显,因有能量损耗,带负载能力差,因此电路性能较差;有源滤波器具有体积小、性能好、可放大信号、调整方便等优点,但因受运放本身有限带宽的限制,不适用于高压、高频的大功率场合,目前适用于低频范围。

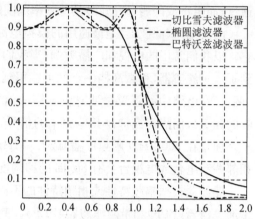

图 2.11.3 相同阶数的巴特沃兹、切比雪夫和椭圆滤波器的幅频特性

有源滤波器的传递函数分母中的最高次方称为滤波器的阶数。阶数越高,其中角频率特性过渡带越陡,越接近理想特性。大多数高阶滤波器都可以由一阶和二阶的滤波器级联而成。其中一阶滤波器过渡带按每十倍频 20 dB 速率衰减,二阶滤波器按每十倍频 40 dB 衰减。本实验仅着重研究二阶 RC 有源滤波器的有关问题。

根据二阶 RC 有源滤波器传递函数零点的不同,也可分为低通、高通、带通和带阻等几种类型,相应的传递函数如表 2.11.1 所示。式中 $\omega_0(\omega_0=1/RC)$ 为高通、低通滤波器的截止角频率或带通、带阻滤波器的几何中心频率;Q 为品质因数;A_{up} 为增益系数。

表 2.11.1 传递函数表

类 型	传递函数	零点情况	备 注
低通	$A(s)=\dfrac{A_{up}\omega_0^2}{s^2+\dfrac{\omega_0}{Q}s+\omega_0^2}$	无零点	$Q=\dfrac{1}{3-A_{up}}$
高通	$A(s)=\dfrac{A_{up}s^2}{s^2+\dfrac{\omega_0}{Q}s+\omega_0^2}$	原点为双重零点	$Q=\dfrac{1}{3-A_{up}}$
带通	$A(s)=\dfrac{A_0\dfrac{\omega_0}{Q}s}{s^2+\dfrac{\omega_0}{Q}s+\omega_0^2}$	原点为单零点	$Q=\dfrac{1}{3-A_{up}}$ $A_0=\dfrac{A_{up}}{3-A_{up}}$
带阻	$A(s)=\dfrac{A_{up}(s^2+\omega_0^2)}{s^2+\dfrac{\omega_0}{Q}s+\omega_0^2}$	零点为共轭虚数	$Q=\dfrac{1}{4-2A_{up}}$

1) 二阶低通有源滤波器

(1) 基本原理

常用的二阶低通有源滤波器如图 2.11.4 所示。它由两节 RC 滤波器和同相比例放大器组成。由于 C_1 接到集成运放的输出端,形成正反馈,使电压放大倍数在一定程度上受输出电压控制,且输出电压近似为恒压源,所以又称为二阶压控电压源低通滤波器。其优点是增益易调节,电路稳定。f_0 为电路的特征频率。通常,调试该电路,使其通带截止频率与一阶低通滤波器的相同,即 $f_p = f_0$。

如图 2.11.4 所示电路中,虽然由 C_1 引入了正反馈,但是,若 $f \ll f_p$,则由于 C_1 的容抗很大,反馈信号很弱,因而对电压放大倍数的影响很小;若 $f \gg f_p$,则由于 C_2 的容抗很小,集成运放同相输入端的信号很小,输出电压必然很小,反馈作用也很弱,因而对电压放大倍数的影响也很小。所以,只要参数选择合适,就可以使 $f = f_p$ 附近的电压放大倍数因正反馈而得到提高,从而使电路更接近于理想低通滤波器。

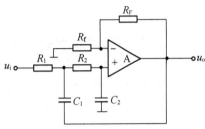

图 2.11.4 单端正反馈型二阶低通滤波器电路图

当 $R_1 = R_2 = R$、$C_1 = C_2 = C$ 时,二阶低通有源滤波器主要性能如下:

① 通带电压放大倍数

二阶 LPF 的通带电压放大倍数就是频率 $f = 0$ 时的输出电压与输入电压之比,因此也就是同相比例放大器的增益:

$$A_{up} = 1 + \frac{R_F}{R_f} \tag{2.11.1}$$

② 传递函数

$$A_u = \frac{u_o}{u_i} = \frac{A_{up}}{1 + (3 - A_{up})j\omega RC + (j\omega RC)^2} \tag{2.11.2}$$

$$A(s) = \frac{A_{up}}{1 + (3 - A_{up})sRC + (sRC)^2} \tag{2.11.3}$$

其中,

$$s = j\omega$$

③ 品质因数

$$Q = \frac{1}{3 - A_{up}} \tag{2.11.4}$$

④ 幅频特性

该电路的幅频特性曲线如图 2.11.5 所示,不同 Q 值将使幅频特性具有不同的特点。Q 值小,阻带衰减慢,使得通带与阻带界限不明显;Q 过

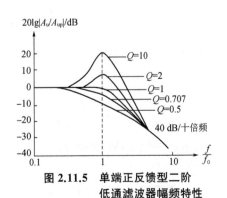

图 2.11.5 单端正反馈型二阶低通滤波器幅频特性

大,在 f_0 附近曲线出现凸峰,使电路工作不稳定。一般当 $Q=0.707$ 时,滤波器特性最好,阻带内衰减快,通带内曲线平坦。

(2) 设计方法

下面介绍设计二阶低通有源滤波器时选用 RC 的方法。

已知 $R_1=R_2=R$,$C_1=C_2=C$,则:

$$f_0=\frac{1}{2\pi RC} \tag{2.11.5}$$

由式(2.11.5)得知,f_0、Q 可分别由 R、C 值和运放增益的变化来单独调整,相互影响不大。若已知 Q 值,则由式(2.11.4)可得通带电压放大倍数 A_{up},近而由式(2.11.1)可推导出 R_F 和 R_f。

由以上叙述可知,该设计方法对要求特性保持一定 f_0 而在较宽范围内变化的情况比较适用,但必须使用精度和稳定性均较高的元件。

2) 二阶高通有源滤波器

(1) 基本原理

二阶高通有源滤波器和二阶低通有源滤波器几乎具有完全的对偶性,即将二阶低通有源滤波器电路中的 R 和 C 的位置互换,就构成了典型的单端正反馈型二阶高通滤波器,如图 2.11.6 所示。二者的参数表达式与性能也有对偶性。当 $R_1=R_2=R$,$C_1=C_2=C$ 时,其主要性能如下:

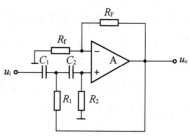

**图 2.11.6 单端正反馈型二阶
高通滤波器电路图**

① 通带电压放大倍数

$$A_{up}=1+\frac{R_F}{R_f}$$

② 传递函数

$$A_u=\frac{u_o}{u_i}=\frac{(j\omega RC)^2}{1+(3-A_{up})j\omega RC+(j\omega RC)^2}A_{up} \tag{2.11.6}$$

$$A(s)=\frac{(sRC)^2}{1+(3-A_{up})sRC+(sRC)^2}A_{up} \tag{2.11.7}$$

③ 品质因数

$$Q=\frac{1}{3-A_{up}}$$

④ 幅频特性

该电路的幅频特性曲线如图 2.11.7 所示,不同 Q 值将使幅频特性具有不同的特点。

(2) 设计方法

二阶高通有源滤波器中 R、C 参数的设计方法也与低通滤波器相似,详见低通滤波器设计方法。

3) 二阶带通有源滤波器

带通滤波器(BPF)能通过规定范围的频率,这个频率范围就是电路的带宽 B,滤波器的最大输出电压峰值出现在中心频率 f_0 的频率点上。带通滤波器的带宽越窄,选择性越好,也就是电路的品质因数 Q 越高。

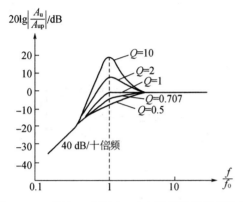

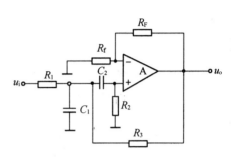

图 2.11.7 单端正反馈型二阶高通滤波器幅频特性　　**图 2.11.8 单端正反馈型二阶带通滤波器电路图**

只要将二阶低通滤波器中的一阶 RC 电路改为高通的接法,就构成了二阶带通滤波器。如图 2.11.8 所示电路就是典型的单端正反馈型二阶带通滤波器。当 $R_1 = R_3 = R$,$R_2 = 2R$,$C_1 = C_2 = C$ 时,其主要性能如下:

① 传递函数

$$A_u = \frac{u_o}{u_i} = \frac{j\omega RC}{1 + (3 - A_{up})j\omega RC + (j\omega RC)^2} A_{up} \tag{2.11.8}$$

$$A(s) = \frac{sRC}{1 + (3 - A_{up})sRC + (sRC)^2} A_{up} \tag{2.11.9}$$

式中,$A_{up} = 1 + \dfrac{R_F}{R_f}$ 为同相比例放大电路的电压放大倍数。

② 中心频率和通带放大倍数

$$f_0 = \frac{1}{2\pi RC}$$

$$A_0 = \frac{A_{up}}{3 - A_{up}} = QA_{up} \tag{2.11.10}$$

③ 通带截止频率和通带宽度

$$\begin{cases} f_{p1} = \dfrac{f_0}{2}\left(\sqrt{\dfrac{1}{Q^2} + 4} - \dfrac{1}{Q}\right) \\[4mm] f_{p2} = \dfrac{f_0}{2}\left(\sqrt{\dfrac{1}{Q^2} + 4} + \dfrac{1}{Q}\right) \end{cases} \tag{2.11.11}$$

$$B = f_{p2} - f_{p1} = f_0/Q = (3 - A_{up})f_0 = \left(2 - \frac{R_F}{R_f}\right)f_0 \tag{2.11.12}$$

④ 品质因数

$$Q = \frac{1}{3 - A_{up}}$$

⑤ 幅频特性

该电路的幅频特性曲线如图 2.11.9 所示,不同 Q 值将使幅频特性具有不同的特点。Q 值越大,选择性也越好,通带宽度越窄。因此 Q 值也不宜过大,一般取 $Q \leqslant 10$ 较适宜。通过调节 R_F 和 R_f 的比例,可改变带宽,而不会改变 f_0。

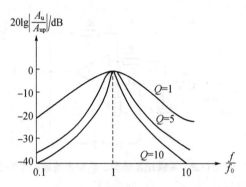

图 2.11.9 单端正反馈型二阶带通滤波器幅频特性

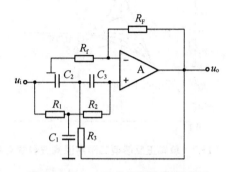

图 2.11.10 二阶带阻滤波器电路图

如果要求带宽范围很宽,也可将一级二阶低通滤波器和一级二阶高通滤波器串联组成。其条件是低通滤波器的截止频率要大于高通滤波器的截止频率。

4) 二阶带阻有源滤波器

如图 2.11.10 所示电路就是典型的单端正反馈型二阶带阻滤波器。当 $R_1 = R_2 = R$、$R_3 = R/2$、$C_1 = 2C$、$C_2 = C_3 = C$ 时,其主要性能如下:

① 传递函数

$$A_u = \frac{u_o}{u_i} = \frac{1 + (j\omega RC)^2}{1 + 2(2 - A_{up})j\omega RC + (j\omega RC)^2} A_{up} \tag{2.11.13}$$

$$A(s) = \frac{1 + (sRC)^2}{1 + 2(2 - A_{up})sRC + (sRC)^2} A_{up} \tag{2.11.14}$$

② 中心频率和通带放大倍数

$$f_0 = \frac{1}{2\pi RC}$$

$$A_{up} = 1 + \frac{R_F}{R_f}$$

③ 通带截止频率和通带宽度

$$\begin{cases} f_{p1} = f_0 [\sqrt{(2 - A_{up})^2 + 1} - (2 - A_{up})] \\ f_{p2} = f_0 [\sqrt{(2 - A_{up})^2 + 1} + (2 - A_{up})] \end{cases} \tag{2.11.15}$$

$$B = f_{p2} - f_{p1} = 2(2 - A_{up})f_0 = f_0/Q \qquad (2.11.16)$$

④ 品质因数

$$Q = \frac{1}{2(2 - A_{up})} \qquad (2.11.17)$$

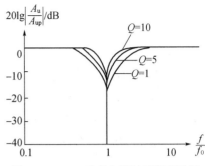

⑤ 幅频特性

该电路的幅频特性曲线如图 2.11.11 所示,不同 Q 值将使幅频特性具有不同的特点。

图 2.11.11　二阶带阻滤波器幅频特性

2.11.4　实验仪器和器材

(1) 实验箱 1 台;(2) 示波器 1 台;(3) 直流稳压电源 1 台;(4) 函数发生器 1 台;(5) 万用表 1 只;(6) 集成运放 μA741 1 片。

2.11.5　实验内容

1) 二阶低通有源滤波器的设计与测试

(1) 设计一个二阶低通有源滤波器(参考图 2.11.4 电路)。设 $f_0 = 480\ \text{Hz}, Q = 0.707$,其中 $C_1 = C_2 = 0.01\ \mu\text{F}, R_F = 16\ \text{k}\Omega$,要求设计电路,选择 R_f、R_1、R_2(令 $R_1 = R_2$)。

(2) 测试所设计的低通有源滤波器的幅频特性曲线。输入正弦信号,保持 $u_i = 3\ \text{V}$ 有效值恒定不变,改变信号频率,测量不同频率下的输出电压 u_o,完成表 2.11.2。

表 2.11.2　测量数据

u_i/V	$u_i = 3\ \text{V}$										
f/Hz	20	100	200	300	400	$f_0 =$	500	600	1 000	5 000	10 000
u_o/V											
$A_u = u_o/u_i$											
$20\lg \dfrac{A_u}{A_{up}}$											

(3) 横坐标 f 采用对数分度,纵坐标 $20\lg(A_u/A_{up})$ 按 dB 分度,则由幅频特性曲线决定 $-3\ \text{dB}$ 频率,即截止频率 f_0。

2) 二阶高通有源滤波器的设计与测试

设计一个二阶高通有源滤波器(参考图 2.11.6 电路),元件参数同上。自行画出实验电路,自拟测量表格,画出幅频特性曲线,用幅频特性确定 $-3\ \text{dB}$ 时的截止频率 f_0。

2.11.6　实验报告要求

(1) 画出实验电路图并标注参数,整理设计过程及结果。

(2) 记录实验中输出电压有效值,完成表格,画出幅频特性曲线。

(3) 找出中心频率,并和理论计算值进行比较。

2.11.7 思考与讨论

(1) BEF 和 BPF 是否像 HPF 和 LPF 一样具有对偶关系? 若将 BPF 中起滤波作用的电阻与电容的位置互换,能得到 BEF 吗?

(2) 传感器加到精密放大电路的信号频率范围是 400 Hz±10 Hz,经放大后发现输出波形含有一定程度的噪声和 50 Hz 的干扰,试问:应引入什么形式的滤波电路以改善信噪比,并画出相应的电路原理图。

2.12 施密特触发器

2.12.1 实验目的

(1) 了解四种典型电压比较器(过零比较器、电平比较器、滞回比较器和窗口比较器),掌握其电路组成及参数设计方法。

(2) 掌握电压比较器的特性,学会用电压比较器设计满足一定要求的实用电路。

2.12.2 预习要求

(1) 熟悉有关比较器的电路组成、工作原理及参数计算方法。

(2) 设计满足实验要求的控制电路,选择元件参数,拟定实验方案及步骤。

(3) 学会用电平比较器设计满足一定技术要求的实用电路及调试方法。

2.12.3 实验原理

电压比较器的基本功能是对两个输入电压的大小进行比较,比较的结果用输出电压的高和低来表示。电压比较器可以采用专用的集成比较器,也可以采用集成运算放大器组成。由集成运算放大器组成的比较器,其输出电平在最大输出电压的正极限值和负极限值之间摆动,当要和数字电路相连接时,必须增添附加电路,对它的输出电压采取钳位措施,使它输出的高低电平满足数字电路逻辑电平的要求。

电压比较器通常用于越限报警、波形转换及模数转换等场合。常用的电压比较器有过零比较器、电平比较器、滞回比较器和窗口比较器。

1) 过零比较器

过零比较器主要用来将输入信号与零电位进行比较,以决定输出电压的极性。电路如图 2.12.1(a)所示;

放大器工作在开环状态下,信号 $u_i < 0$ 时,输出电压为正极限值 $+U_{om}$;由于理想运放的电压增益 $A_u \to \infty$,故当输入信号由小到大,达到 $u_i = 0$ 时,即 $u_- = u_+$ 的时刻,输出电压 u_o 由正极限值 $+U_{om}$ 翻转到负极限值 $-U_{om}$。当 $u_i > 0$ 时,输出电压 u_o 为负极限值 $-U_{om}$。因此,输出翻转的临界条件是 $u_+ = u_- = 0$。

即

$$u_o = \begin{cases} +U_{om} & u_i < 0 \\ -U_{om} & u_i > 0 \end{cases} \tag{2.12.1}$$

其理想传输特性如图 2.12.1(b)所示。从该电路输出电压值就可以鉴别输入信号电压 u_i 是大于零还是小于零,即可用做信号电压过零检测器。

对于实际运算放大器,由于其增益不是无限大,输入失调电压不等于零,因此,输入状态的转换与理想状态存在一定的误差,其传输特性如图 2.12.1(c)所示,存在线性区。

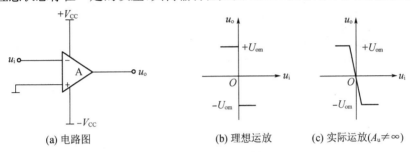

(a) 电路图   (b) 理想运放   (c) 实际运放($A_u \neq \infty$)

图 2.12.1 过零比较器

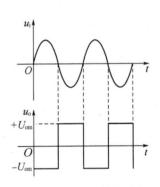

由以上工作原理可知,比较器中运放工作在开环状态下,反相输入端和同相输入端的电压不一定相等。电压比较器是集成运放的非线性应用。

假设输入信号 u_i 为正弦波,在 u_i 过零时,比较器的输出就跳变一次,因此,u_o 为正、负相间的方波电压,如图 2.12.2 所示。

为了使输出电压有确定的数值并改善大信号时的传输特性,经常在比较器的输出端接上限幅器。如图 2.12.3(a)所示,图中 $R = 1\ \text{k}\Omega$,起限流作用,D_{Z1}、D_{Z2} 采用稳压管。图 2.12.3(b) 是其传输特性,$+U_Z = U_{D1} + U_{Z2}$,$-U_Z = U_{Z1} + U_{D2}$。

图 2.12.2 过零比较器输入、
输出波形

此时

$$u_o = \begin{cases} +U_Z & u_i < 0 \\ -U_Z & u_i > 0 \end{cases} \tag{2.12.2}$$

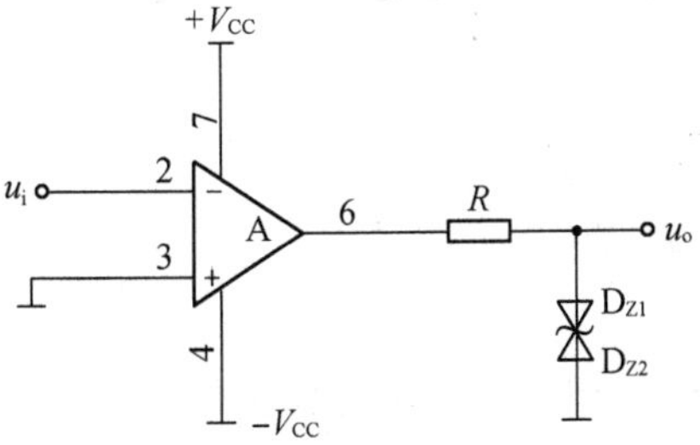

(a) 电路图 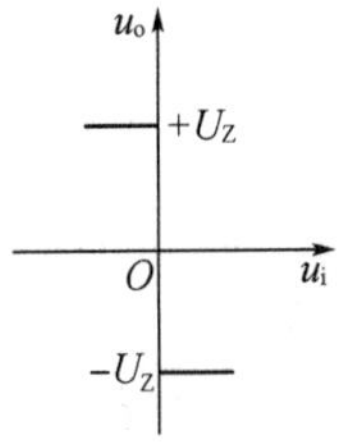   (b) 传输特性

图 2.12.3 接上限幅器的过零比较器

2) 电平比较器

电路图如图 2.12.4(a)所示,输入信号 u_i 加到运放反相输入端,在同相输入端加一个参考电压 U_{REF},当输入电压 u_i 小于参考电压 U_{REF} 时,输出为 $+U_{om}$,当输入电压 u_i 大于参考电压 U_{REF} 时,输出为 $-U_{om}$。该电路电压传输特性如图 2.12.4(b)所示。

即

$$u_o = \begin{cases} +U_{om} & u_i < U_{REF} \\ -U_{om} & u_i > U_{REF} \end{cases} \tag{2.12.3}$$

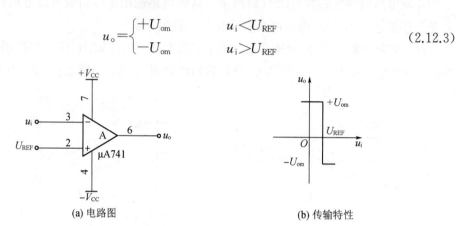

(a) 电路图   (b) 传输特性

图 2.12.4　电平比较器

3) 滞回比较器（施密特触发器）

滞回特性比较器与开环比较器相比,其优点是抗干扰性强。

(1) 在电平比较器中,如果将集成运放的输出电压通过反馈支路加到同相输入端,形成正反馈,就可以构成滞回比较器,如图 2.12.5(a)所示。它的门限电压随着输出电压的大小和极性的改变而改变。从图 2.12.5(b)中可知,它的门限电压为:

$$U_+ = \frac{nR}{nR+R}U_{REF} + \frac{R}{nR+R}u_o \tag{2.12.4}$$

$$= \frac{n}{n+1}U_{REF} + \frac{u_o}{n+1}$$

而 $u_o = \pm U_{om}$,根据上式可知,它有两个门限电压(比较电平),分别为上限阈值电平 U_{UT} 和下限阈值电平 U_{LT},两者的差值称为门限宽度(回差电压)U_H,两者的中间值称为中心电压 U_{ctr}。即

$$U_H = U_{UT} - U_{LT} \tag{2.12.5}$$

$$U_{ctr} = \frac{U_{UT} + U_{LT}}{2} \tag{2.12.6}$$

当集成运放的输出为 $+U_{om}$ 时,同相端的电压为:

$$U_+ = \frac{n}{n+1}U_{REF} + \frac{U_{om}}{n+1} = U_{UT}（上限阈值电平） \tag{2.12.7}$$

当集成运放的输出为 $-U_{om}$ 时,同相端的电压为:

$$U_+ = \frac{n}{n+1}U_{REF} + \frac{-U_{om}}{n+1} = U_{LT}（下限阈值电平） \tag{2.12.8}$$

当 u_i 从大变小,在 u_i 达到或稍小于 U_{LT} 的时刻,输出电压 u_o 从 $-U_{om}$ 跃变到 $+U_{om}$,并保持不变。当 u_i 从小变大,在 u_i 达到或稍大于 U_{UT} 的时刻,输出电压 u_o 由 $+U_{om}$ 跃变到 $-U_{om}$,并保持不变。电压传输特性如图 2.12.5(b)所示。

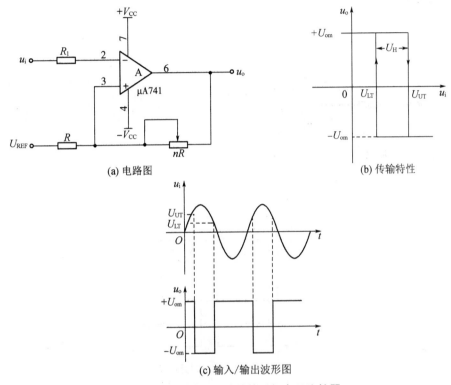

(a) 电路图　　　　　　　　　　　(b) 传输特性

(c) 输入/输出波形图

图 2.12.5　具有滞回特性的反相电平比较器

根据式(2.12.7)和式(2.12.8),可求得回差电压为:

$$U_H = U_{UT} - U_{LT} = \frac{2U_{om}}{n+1} \tag{2.12.9}$$

中心电压为:

$$U_{ctr} = \frac{U_{UT} + U_{LT}}{2} = \frac{n}{n+1}U_{REF} \tag{2.12.10}$$

由式(2.12.9)和式(2.12.10)可知,回差电压与参考电压 U_{REF} 无关,改变反馈电阻比值 n 的值就可以改变回差电压的大小,但中心电压与反馈电阻比值 n 和参考电压 U_{REF} 都有关,所以中心电压和回差电压不能独立调节。

(2) 若 $U_{REF} = 0$,图 2.12.5 就成为零电平施密特触发器,其上限阈值电平 U_{UT} 为:

$$U_{UT} = \frac{U_{om}}{n+1} \tag{2.12.11}$$

下限阈值电平 U_{LT} 为：

$$U_{LT} = \frac{-U_{om}}{n+1} \tag{2.12.12}$$

回差电压 U_H 仍由式(2.12.9)决定,与 U_{REF} 无关。中心电压 U_{ctr} 为 0。

（3）当输入电压 u_i 从同相端输入时,构成滞回特性同相电平比较器,如图 2.12.6 所示。根据上述分析可得：

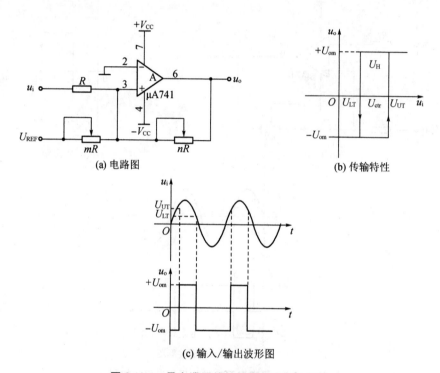

(a) 电路图

(b) 传输特性

(c) 输入/输出波形图

图 2.12.6 具有滞回特性的同相电平比较器

上限阈值电平：

$$U_{UT} = \frac{U_{om}}{n} - \frac{U_{REF}}{m} \tag{2.12.13}$$

下限阈值电平：

$$U_{LT} = -\frac{U_{om}}{n} - \frac{U_{REF}}{m} \tag{2.12.14}$$

回差电压：

$$U_H = U_{UT} - U_{LT} = \frac{2U_{om}}{n} \tag{2.12.15}$$

中心电压：

$$U_{ctr} = \frac{U_{UT} + U_{LT}}{2} = -\frac{U_{REF}}{m} \tag{2.12.16}$$

由上可知:中心电压 U_{ctr} 取决于参考电压 U_{REF} 和 m ;回差电压 U_H 取决于 U_{om} 和 n 。即 U_{ctr} 与 U_H 可以分别独立调节。

4) 窗口比较器

如果要判别输入信号电压 u_i 是否进入某一范围,则可以用图 2.12.7(a)所示的窗口比较器来进行判别。该窗口比较器是由一个反相输入差动任意电平比较器和另一个同相输入差动任意电平比较器适当地组合而成。

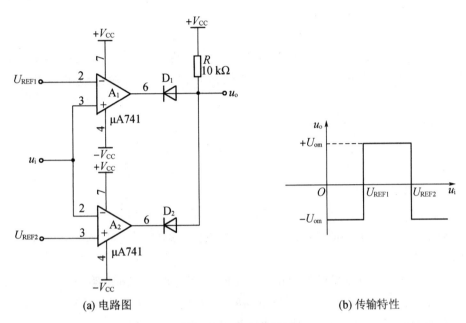

(a) 电路图   (b) 传输特性

图 2.12.7　窗口比较器

假设 $U_{REF1} < U_{REF2}$,对于该电路,当 $U_{REF1} < u_i < U_{REF2}$ 时,A_1、A_2 输出均为 $+U_{om}$,D_1、D_2 均截止,则输出电压 u_o 等于 $+U_{om}$(忽略了二极管的正向压降);当 $u_i > U_{REF2}$ 时,A_1 输出 $+U_{om}$,A_2 输出 $-U_{om}$,D_1 截止,D_2 导通,输出电压 u_o 等于 $-U_{om}$(忽略了二极管的正向压降);当 $u_i < U_{REF1}$ 时,A_1 输出 $-U_{om}$,A_2 输出 $+U_{om}$,D_1 导通,D_2 截止,输出电压 u_o 等于 $-U_{om}$(忽略了二极管的正向压降)。窗口比较器电压传输特性如图 2.12.7(b)所示。

由图中传输特性可知,当输入电压 u_i 处于 U_{REF1} 和 U_{REF2} 之间时,输出为 $+U_{om}$,而当输入电压 u_i 处于 U_{REF1} 和 U_{REF2} 之外时,输出为 $-U_{om}$。

注意:在图 2.12.7(a)中集成运放 A_1、A_2 的输出端不能直接相连,因为当两个运放输出电压的极性相反时,将互为对方提供低阻抗通路而导致运放烧毁。

2.12.4　实验仪器和器材

(1) 实验箱 1 台;(2) 示波器 1 台;(3) 直流稳压电源 1 台;(4) 万用表 1 只;(5) 集成运放 μA741 若干。

2.12.5 实验内容

1) 过零比较器的设计与测试

设计一个接有限幅器的反相输入过零比较器(参考图 2.12.3 电路)。$\pm V_{CC}$自取,输入频率 $f=1$ kHz 左右的正弦信号,逐渐增大 u_i 的值,直到输出信号为正、负相间的方波。利用示波器观察并记录输入/输出波形以及电压传输特性。

2) 电平比较器的设计与测试

设计一个接有限幅器的反相输入差动型任意电平比较器(参考图 2.12.4 电路,$\pm V_{CC}$自取)。$U_{REF}=3$ V,输入频率 $f=1$ kHz 左右的正弦信号,逐渐增大 u_i 的值,直到出现输出信号为正、负相间的方波。利用示波器观察并记录输入、输出波形以及电压传输特性。

3) 滞回比较器的设计与测试

(1) 设计一个具有滞回特性的反相电平比较器(参考图 2.12.5 电路,$\pm V_{CC}=\pm 15$ V,其中:$R_1=R=10$ kΩ)。输入频率 $f=1$ kHz 左右的正弦信号,逐渐增大 u_i 的值,通过调整反馈电阻比值 n 和参考电压使 $U_{UT}=8$ V,$U_{LT}=1$ V。

① 观察电压传输特性及输入/输出波形并记录,准确读取$\pm U_{om}$。

② 测量此时U_{REF}的值,断开电路测量 R、nR 的值,计算比值 n,代入公式计算 U_{UT}、U_{LT},与理论值进行比较。

(2) 设计一个具有滞回特性的同相电平比较器(参考图 2.12.6 电路,$\pm V_{CC}=\pm 15$ V,其中:$R=10$ kΩ,$U_{REF}=-15$ V)。通过调整 mR 和 nR 的值,使 $U_{UT}=7$ V,$U_{LT}=3$ V。

① 观察电压传输特性及输入/输出波形并记录,准确读取$\pm U_{om}$。

② 断开电路测量 R、mR、nR 的值,计算比值 m、n,代入公式计算 U_{UT}、U_{LT},与理论值进行比较。

4) 窗口比较器的设计与测试

设计一个窗口比较器(参考图 2.12.7 电路,其中:$U_{REF1}=1$ V,$U_{REF2}=4$ V),利用示波器观察并记录输入/输出波形以及电压传输特性。

2.12.6 实验报告要求

(1) 画出实验电路图并标注参数,整理设计过程及结果;

(2) 记录实验中输入/输出波形及电压传输特性并和理论计算值进行比较。

2.12.7 思考与讨论

(1) 试推导具有滞回特性的同相输入电平比较器的 U_{UT}、U_{LT}、U_H 及 U_{ctr}公式。

(2) 实验内容 3)第(1)项中,实验时,若输入正弦信号的大小选择不当,如 $u_{ip-p}=4$ V,会有什么结果?

(3) 在图 2.12.7(a)电路中,如果 $U_{REF1}>U_{REF2}$,会有什么结果?

（4）设计一个具有滞回特性的反相电平比较器，参考电压使 $U_{UT}=6\ V$，$U_{LT}=4\ V$，通过公式计算电路参数。

2.13 整流滤波及稳压电路

2.13.1 实验目的

（1）研究单相桥式整流、电容滤波电路的特性。
（2）熟悉集成稳压器的特点，会合理选择使用。
（3）掌握集成稳压电源主要技术指标的测试方法。
（4）了解整流滤波电路的主要技术指标。

2.13.2 预习要求

（1）复习教材中有关稳压电路的工作原理及三端稳压器的使用方法。
（2）预习稳压电路主要性能指标及其测量方法。

2.13.3 实验原理

电子设备一般都需要直流电源供电。这些直流电除了少数直接利用干电池和直流发电机外，大多数是采用把交流电（市电）转变为直流电的直流稳压电源。

小功率稳压电源由电源变压器、整流电路、滤波电路和稳压电路四部分组成。其原理框图如图 2.13.1 所示。电网供给的交流电压 u_1（220 V，50 Hz）经电源变压器降压后，得到符合电路需要的交流电压 u_2，然后由整流电路变换成方向不变、大小随时间变化的脉动电压 u_3，再用滤波器滤去其交流分量，就可得到比较平直的直流电压 U_i。由于该电压会随着电网电压波动、负载和温度的变化而变化，因此需接稳压电路，以维持输出直流电压的稳定。

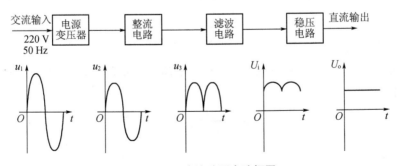

图 2.13.1 直流稳压电路框图

电容滤波电路如图 2.13.2 所示。它的特点是结构简单、负载直流电压 U_o 较高、纹波较小。它的缺点是输出特性较差，故适用于负载电压较高、负载变动不大的场合。加了电容滤波以后，整流电路的平均输出电流提高了，而整流二极管的导电角却减小了。整流管在短暂的导电时间内会流过一个很大的冲击电流,所以必须选择电流容量较大的整流二极管。通常选择其最大整流平均电流 I_F 大于负载电流的 2～3 倍。

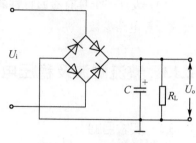

图 2.13.2　电容滤波电路

为了得到比较好的滤波效果,在工程实际中,电容滤波电路经常根据下式来选择滤波电容的容量:

$$R_L C \geqslant (3\text{～}5)\frac{T}{2} \qquad (2.13.1)$$

式中,T 在全波或桥式整流情况下为电网交流电压的周期的 1 倍,在半波整流情况下为电网交流电压周期的 2 倍。

稳压电路现在一般都采用集成稳压器。集成稳压器具有体积小、重量轻、使用方便、温度特性好和可靠性高等一系列优点。

稳压电源的主要质量指标有:

(1) 稳压系数 S_r 及电压调整率 S_V

稳压系数定义为负载一定时稳压电路输出电压的相对变化量与其输入电压的相对变化量之比,即

$$S_r = \frac{\Delta U_o / U_o}{\Delta U_i / U_i}\bigg|_{R_L=\text{常数}} \qquad (2.13.2)$$

由于工程上常常把电网电压波动 ±10% 作为极限条件,因此将此时的输出电压的相对变化称为电压调整率即

$$S_V = \frac{1}{U_o} \times \frac{\Delta U_o}{\Delta U_i}\bigg|_{\Delta I_0=0} \times 100\% \qquad (2.13.3)$$

(2) 输出电阻 R_o 及电流调整率 S_i

输出电阻是稳压电路输入电压一定时输出电压变化量与输出电流变化量之比,即

$$R_o = \frac{\Delta U_o}{\Delta I_o}\bigg|_{U_i=\text{常数}} \qquad (2.13.4)$$

在输入电压一定的情况下,负载电流从 0 变化到最大值 I_{Lmax},输出电压的相对变化量即为电流调整率。即

$$S_i = \frac{\Delta U_o}{U_o} \times 100\% \qquad (2.13.5)$$

(3) 纹波电压 U_r

纹波电压是指叠加在输出电压 U_o 上的交流分量。用示波器观测其峰-峰值,$\Delta U_{o p-p}$ 一般为毫伏级。也可以用交流电压表测量其有效值,但因 ΔU_o 不是正弦波,所以用有效值衡量其纹波电压,存在一定误差。

集成稳压器一般不需外接元件,并且内部有限流保护、过热保护和过压保护,使用方便、

安全。在使用时一般在集成稳压器外壳加装适当大小的散热片,当整流器能够提供足够的输入电流时,稳压器可提供相应的输出电流;若散热条件不够时,集成稳压器中的过热保护电路还可以起到保护作用。常见的集成稳压器分为多端式和三端式。三端式集成稳压器外部只有三个引线端子,分别为输入端、输出端和公共端。

集成三端稳压器种类较多,这里仅介绍常用的几种。

(1) 三端固定正输出稳压器

LM7800 系列,通常有金属外壳封装和塑料外壳封装两种。按其输出最大电流划分(在足够的散热条件情况下):LM78L×× 100 mA;LM78M×× 500 mA;LM78×× 1.5 A。按其输出固定正电压划分:7805、7806、7808、7810、7812、7815、7818、7824。例如 LM78L05 输出电压 $U_o = 5$ V,输出最大电流 $I_{om} = 100$ mA。

(2) 三端固定负输出稳压器

LM7900 系列。同样按输出最大电流划分为 LM79L××、LM79M××、LM79××,按其输出固定负电压划分为 7905、7906、7908、7910、7912、7915、7918、7924。

(3) 三端可调正输出稳压器

LM117/217/317 系列,按最大输出电流划分,如 LM317L 100 mA;LM317M 0.5 A;LM317 1.5 A。通过改变调整端对地外接电阻的阻值即可调整输出正电压在 1.25~37 V 范围内变化(输入/输出压差 $U_i - U_o \leqslant 40$ V)。

(4) 三端可调负输出稳压器

LM137/237/337 系列,可调整输出电压在 $-1.25 \sim -37$ V 范围内变化。

三端线性稳压芯片的使用注意事项一般有以下几点:

(1) 稳压芯片的输入电压和输出电压必须要有一个差值。稳压芯片的输入电压和输出电压极性应该相同,并且一般输入电压的绝对值至少要比输出电压的绝对值大 3 V。

为保证稳压器在电网电压较低时仍处于稳压状态,应满足 $U_i \geqslant U_{omax} + (U_i - U_o)_{min}$。其中,$(U_i - U_o)_{min}$ 是稳压器最小输入/输出压差,典型值为 3 V。

当输入 220 V 交流电压在 ±10% 变化时,稳压电源也应该能正常工作。为保证稳压器安全工作,一般应满足 $U_i \leqslant U_{omin} + (U_i - U_o)_{max}$。其中,$(U_i - U_o)_{max}$ 为稳压器允许的最大输入/输出压差,典型值为 35 V。

(2) 将稳压芯片反向连接则会造成永久损坏。在输入电压和输出电压极性相同的情况下,如果输入电压的绝对值小于输出电压的绝对值,那么稳压芯片会处在反向连接状态,从而造成损坏。

(3) 三端线性稳压芯片的输出电流不允许大于它的最大输出电流。

(4) 三端线性稳压芯片本身消耗的功率等于其输出电流和芯片本身压降的乘积,这个功率将引起稳压芯片的温升,所以应该对稳压芯片进行散热设计,使三端线性稳压芯片不至于因为温度过高而烧毁。

可调输出三端线性稳压芯片的基本应用如图 2.13.3 和图 2.13.4 所示。

图中,C_1、C_2、C_4 为滤波电容,对它们的要求与固定电压输出稳压电路中相同。

可调正输出稳压电路的输出电压为：

$$U_{\mathrm{o}} = 1.25\left(1 + \frac{R_2}{R_1}\right) \tag{2.13.6}$$

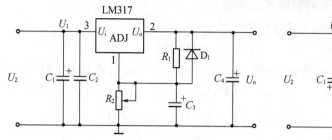

图 2.13.3　可调正输出稳压电路

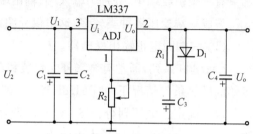

图 2.13.4　可调负输出稳压电路

可调负输出稳压电路的输出电压为：

$$U_{\mathrm{o}} = -1.25\left(1 + \frac{R_2}{R_1}\right) \tag{2.13.7}$$

其中，R_1 的选取应保证稳压芯片空载时集成稳压块也工作在正常工作状态，考虑到一般集成稳压块的正常工作电流是 $5 \sim 10$ mA，集成稳压块的内部基准电压值是 1.25 V，所以 R_1 一般取 $120 \sim 240$ Ω。电容 C_3 接在调整端和地之间，用以滤去电阻 R_2 上的纹波。

　　固定集成稳压芯片本身的输出电压不能满足要求时，也可通过外接电路来进行扩展。图 2.13.5 是一种简单的输出电压扩展电路，它通过改变原稳压芯片的接地端电压，从而达到调节输出电压的目的。如 LM7812 稳压芯片的 3、2 端输出电压为 12 V，因此只要适当选择 R 的值，使稳压管 D_W 工作在稳压区，则输出电压 $U_{\mathrm{o}} = 12 + U_{\mathrm{Z}}$，可以高于稳压芯片本身的输出电压。负电压输出稳压芯片的输出电压 $U_{\mathrm{o}} = -12 - U_{\mathrm{Z}}$。

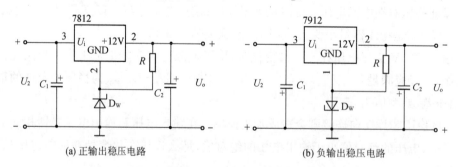

(a) 正输出稳压电路　　　　　　　　　(b) 负输出稳压电路

图 2.13.5　固定输出三端稳压器输出电压的扩展电路

　　图 2.13.6 是一种简单的输出电流扩展电路。它是通过外接晶体管 T 及电阻 R_1 来进行电流扩展的。在这个电路中，电阻 R_1 决定三极管的工作点，需要仔细设定。以正输出扩流电路为例，见图 2.13.6(a)，电阻 R_1 的阻值由外接晶体管的发射结导通电压 U_{BE}、三端线性稳压芯片的输入电流 I_{i}（近似等于三端线性稳压芯片的输出电流 I_{oI}）和 T 的基极电流 I_{B} 来决定，即

$$R_1 = \frac{U_{ZI}}{I_R} = \frac{U_{ZI}}{I_1 - I_R} = \frac{U_{ZI}}{I_{oZ} - \dfrac{I_C}{\beta}} \tag{2.13.8}$$

式中，I_C 为晶体管 T 的集电极电流，它应等于 $I_C = I_o - I_{oI}$；β 为三极管 T 的电流放大倍数；对于锗管，U_{BE} 可按 0.3 V 估算，对于硅管，U_{BE} 可按 0.7 V 估算。

图 2.13.6 中的电路以 7812 和 7912 为例进行扩流，实际上任意三端线性稳压芯片都可以采用这种方法进行扩流。LM317 和 LM337 的扩流当然也可以依此方法进行，读者可自行绘制 LM317 和 LM337 的扩流电路。

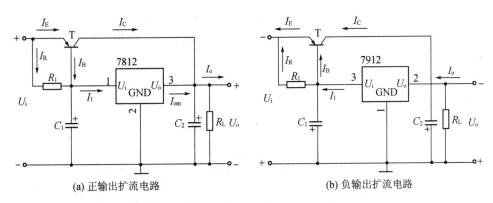

(a) 正输出扩流电路　　　　　　　　(b) 负输出扩流电路

图 2.13.6　固定输出三端稳压器输出电流的扩展电路

2.13.4　实验仪器和器材

(1) 示波器 1 台；(2) 交流毫伏表 1 只；(3) 万用表 1 只；(4) 多路输出变压器 1 台。

2.13.5　实验内容

1) 固定输出集成稳压电路

按照图 2.13.7 或图 2.13.8 连接实验电路。将变压器副边交流转换开关 A 接抽头 u_{22} 点（$u_{21} = 19.8$ V；$u_{22} = 18$ V；$u_{23} = 16.2$ V），接通 220 V 交流电源，完成以下稳压电压性能指标测试。

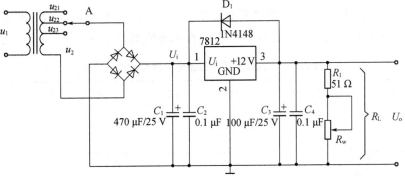

图 2.13.7　固定正输出稳压电路

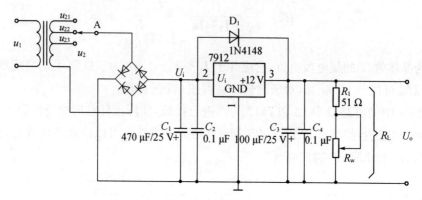

图 2.13.8 固定负输出稳压电路

（1）测量稳压系数 S_r 和电压调整率 S_V

① 将变压器副边交流转换开关 A 接抽头 u_{22} 点，调节 R_L 为 120 Ω，接通 220 V 交流电源，输出电压 U_o 应为 12 V。测量 U_i 的值并记入表 2.13.1 中。

表 2.13.1 稳压系数测量数据记录表

测试条件	交流输入电压	测量值		稳压系数 $S_r = (\Delta U_o/U_o)/(\Delta U_i/U_i)$	电压调整率 $S_V = \dfrac{1}{U_o} \times \dfrac{\Delta U_o}{\Delta U_i} \times 100\%$
		U_o/V	U_i/V		
$R_L = 120\ \Omega$	$u_{21} = 19.8\ V$				
	$u_{22} = 18\ V$	12			
	$u_{23} = 16.2\ V$				

② 保持 R_L 为 120 Ω 不变，将变压器副边交流转换开关 A 分别接抽头 u_{21} 和 u_{23} 点，即改变输入交流电压，变化 ±10%，分别为 19.8 V 和 16.2 V，测量稳压输出电压 U_o 和稳压输入电压 U_i。将结果记入表 2.13.1 中，并计算稳压系数 S_r 和电压调整率 S_V。

（2）测量输出电阻 R_o 及电流调整率 S_i

① 将变压器副边交流转换开关 A 接抽头 u_{22} 点，输入交流电压 u_1 为 220 V，调节 R_L 为 120 Ω，测量输出电压 U_o。

② 断开负载，保持 220 V 交流输入电压和 $u_{22} = 18$ V 不变，测量此时的输出电压 U_o' 和输出电流 I_o，将结果记入表 2.13.2 中，并计算 R_o 和电流调整率 S_i。

表 2.13.2 输出电压和输出电阻测量数据记录表

测试条件	R_L/Ω	U_o/V	I_o/mA	$R_o = \vert \Delta U_o \vert / \vert \Delta I_o \vert$	电流调整率 $S_i = \Delta U_o/U_o \times 100\%$
输入交流电压 220 V	120				
	0	∞			

（3）测量纹波电压 U_r

用示波器测量稳压输出 $U_o = 12$ V，$I_o = 100$ mA 时的纹波电压幅度 $\Delta U_{op\text{-}p}$，同时用毫伏

表测量纹波电压 U_r 的大小。将数据记录在表 2.13.3 中。(I_o 可通过改变 R_L 直接用万用表测量）

表 2.13.3 纹波电压测量数据记录表

U_o/V	I_o/A	$\Delta U_{op\text{-}p}/mV$（示波器测量值）	U_r/mV（毫伏表测量值）

2) 可调正输出稳压电路

按照图 2.13.9 连接实验电路。将变压器副边交流转换开关 A 接抽头 u_{22} 点，接通 220 V 交流电源。

（1）调节电位器 R_2，测量并记录输出电压 U_o 的调节范围，即 U_{omin} 和 U_{omax}。

（2）调节电位器 R_2，使输出端直流电压 $U_o=10$ V，测量 u_2、U_i、电位器 R_2 滑动端到地的阻值及输出端直流电压 U_o 的值，并用示波器观察各点波形，并记录在自拟表格中。

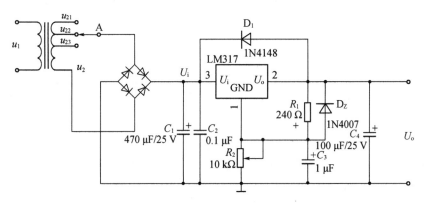

图 2.13.9 可调正输出稳压实验电路

3) 可调负输出稳压电路

将变压器副边交流转换开关 A 接抽头 u_{22} 点，接通 220 V 交流电源（见图 2.13.10）。

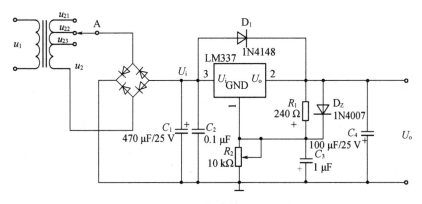

图 2.13.10 可调负输出稳压实验电路

（1）调节电位器 R_2，测量并记录输出电压 U_o 的调节范围，即 U_{omin} 和 U_{omax}。

（2）调节电位器 R_2，使输出端直流电压 $U_o = -10$ V，测量 u_2、U_i、电位器 R_2 滑动端到地的阻值及输出端直流电压 U_o 的值，并用示波器观察各点波形，记录在自拟表格中。

2.13.6 实验报告要求

（1）简述实验电路的工作原理，画出电路并标注元件编号和参数值。

（2）自拟表格，整理实验数据，与理论值进行比较。

2.13.7 思考与讨论

（1）整流滤波电路输出电压 U_o 是否会随负载变化？为什么？

（2）实验中使用集成稳压器应注意哪些问题？

（3）在整流滤波电路中，能否用双踪示波器同时观察 u_2 和 U_o 的波形？为什么？

（4）在整流滤波电路中，如果某个二极管发生开路、短路或反接三种情况，将会出现什么问题？

第3章

模拟电子技术综合实验

3.1　温度控制电路

3.1.1　实验目的

（1）学习差动运算放大器组成的桥式放大电路。

（2）掌握迟滞比较器的性能和测试方法。

（3）学会电路的系统调试和测量方法。

3.1.2　预习要求

（1）阅读有关温度传感器的知识，了解 LM35、AD590 和 DS18B20 的特点。

（2）复习教材中有关集成运算放大器的章节，了解差动放大电路的性能和特点，并思考：如果电路不进行调零，将会引起什么结果？如何设定温度检测控制点？

（3）根据实验任务，自拟实验数据记录表格。

（4）完成电路图 3.1.1 中框图部分（驱动电路）的设计，并说明其特点。

3.1.3　实验原理

图 3.1.1 是温度控制电路原理图，它由 LM35 测温电路、差动放大器电路、迟滞比较器及驱动电路组成。

首先，LM35 对被测物体进行温度采集，并将采集信号通过 R_4 送入差动放大器，信号经差动放大器 U_1 放大后，再由迟滞比较器对信号进行比较并输出高电平或低电平信号，此信号经 R_{12} 后驱动控制加热器进行"加热"或"停止"。

从图 3.1.1 中可以看出，手动调节改变迟滞比较器的比较电压 U_C 即可改变控制温度的范围，而控制温度的精度则由迟滞比较器的回差电压来确定。

1）测量电路

测量电路由 R_1、R_2、R_3、R_{P1} 及 LM35 组成，LM35 的输出电压为：0 mV/1℃～1 V/100℃，按增量 10 mV/1℃线性变化。R_{P1} 为温度控制调节电阻。

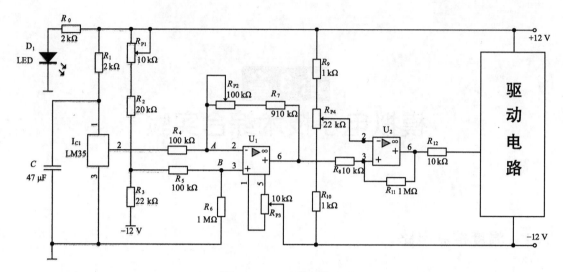

图 3.1.1　温度控制电路

2） 差动放大电路

差动放大电路由 R_4、R_5、R_6、R_7、R_{P2}、R_{P3} 和运算放大器 U_1 构成。此电路主要将测量输出的电压信号按比例进行放大。其放大值为

$$U_{o1} = -\left(\frac{R_7 + R_{P2}}{R_4}\right)U_A + \left(\frac{R_4 + R_7 + R_{P2}}{R_4}\right)\left(\frac{R_6}{R_5 + R_6}\right)U_B \qquad (3.1.1)$$

当 $R_4 = R_5$，$R_7 + R_{P2} = R_6$ 时，

$$U_{o1} = \frac{R_7 + R_{P2}}{R_4}(U_B - U_A) \qquad (3.1.2)$$

式中，R_{P2} 是差动放大器的调零电阻。

3） 迟滞比较器

迟滞比较器由 R_8、R_9、R_{10}、R_{11}、R_{P4} 和运算放大器 U_2 组成，电路原理图如图 3.1.2 所示。

当输出为高电平 U_{OH} 时，运算放大器同相输入端电位

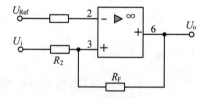

图 3.1.2　迟滞比较器电路

$$U_{+H} = \frac{R_F}{R_2 + R_F}U_i + \frac{R_2}{R_2 + R_F}U_{OH} \qquad (3.1.3)$$

当 U_i 减小到使 $U_{+H} = U_{Ref}$，即

$$U_i = U_{TL} = \frac{R_2 + R_F}{R_F}U_{Ref} - \frac{R_2}{R_F}U_{OH} \qquad (3.1.4)$$

此后，U_i 稍有减小，输出就从高电平跳变为低电平。

当输出为低电平 U_{OL} 时，运算放大器同相输入端电位为

$$U_{+L} = \frac{R_F}{R_2 + R_F}U_i + \frac{R_2}{R_2 + R_F}U_{OL} \qquad (3.1.5)$$

当 U_i 增大到使 $U_{+L} = U_{Ref}$，即

$$U_i = U_{TH} = \frac{R_2 + R_F}{R_F}U_{Ref} - \frac{R_2}{R_F}U_{OL} \qquad (3.1.6)$$

此后，U_i 稍有增加，输出就从低电平跳变为高电平。因此，U_{TL} 和 U_{TH} 为输出电平跳变时对应的输入电平，常称 U_{TL} 为下门限电压，U_{TH} 为上门限电压，两者的差值为

$$\Delta U_T = U_{TH} - U_{TL} = \frac{R_2}{R_F}(U_{OH} - U_{OL}) \qquad (3.1.7)$$

称为回差电压，大小可通过调节 $\dfrac{R_2}{R_F}$ 的比值来调整。

可见，图 3.1.2 所示电路中的差动放大器的输出电压经分压后通过迟滞比较器，再与反相输入端的参考电压 U_{Ref} 相比较。当同相输入端的电压信号大于反相输入端的电压时，运算放大器 U_2 输出正的饱和电压，电路工作，负载加热。反之，同相输入端的电压信号小于反相输入端的电压时，运算放大器 U_2 输出负的饱和电压，负载停止加热。调节 R_{P4} 可改变参考电平，也同时调节了上下门限电平，从而达到设定温度的目的。

3.1.4　实验仪器和器材

(1)低频信号发生器 1 台；(2)数字示波器 1 台；(3)万用表 1 只；(4)多路直流稳压电源 1 台；(5)温度计 1 只；(6)温度传感器 LM35、晶体三极管 9012、9013、稳压二极管各 1 只，放大器 LM741 2 只；(7)电位器、电阻、电容若干。

3.1.5　实验内容与方法

先根据公式计算出相应的电路参数，然后按图 3.1.1 逐步连接实验电路，在系统调试前须进行各级的调试。

1)　差动放大电路的调试

① 将 A、B 两端对地短路，(即 $U_i = 0$)，调节 R_{P3} 使 6 脚输出 $U_o = 0$。

② 在 A、B 端分别加入不同的两个直流电压，测量其输出电压值。当电路中 $R_7 + R_{P2} = R_6$，$R_4 = R_5$ 时，其输出电压

$$U_o = \frac{R_7 + R_{P2}}{R_4}(U_B - U_A) \qquad (3.1.8)$$

在测试时，要注意输入电压不能太大，以免放大电路产生饱和失真。

③ 将 B 点对地短路，把频率为 100 Hz、有效值为 5 mV 的正弦波加入 A 点。用示波器观察输出波形，在输出波形不失真的情况下，用交流毫伏表测出 U_i 和 U_o，算得此差动放大

电路的电压放大倍数 A_u。

2) 迟滞比较器调试

电路如图 3.1.1 所示,首先调 R_{P4} 确定参考电平 $U_{Ref}=2\,V$,然后将直流电压加入迟滞比较器的输入端,迟滞比较器的输出信号送入示波器输入端。改变直流输入电压的大小,记录上、下门限电压 U_{TH}、U_{TL}。

3) 温度监测及控制电路整机联调

① 确定电路参数,按电路图(包括设计的电路)连接各级电路。

② 用加热器升温,观察升温情况,直至驱动电路工作,记下此时对应的温度值 t_1 和 U_{o1} 的值。

③ 自然降温,随时准备记下电路解除时所对应的温度值 t_2 和 U_{o2} 的值。

④ 改变控制温度(调节 R_{P4} 即改变 U_{Ref}),再做以上内容。自拟实验记录表格并将测试结果记入表中。根据 t_1 和 t_2 的值,可得到检测灵敏度 $t_o=t_2-t_1$。

3.1.6 实验报告要求

(1) 整理实验数据,画出有关 t-U_{o1} 曲线和数据表格,并说明如何定标。

(2) 将实验数据与理论计算值进行比较,进行误差分析,说明为什么要有迟滞比较器电路,如果没有该电路又会怎么样?

(3) 总结实验中所遇到的故障、原因及排除故障情况。

3.2 函数信号发生器

3.2.1 实验目的

(1) 掌握正弦波、方波、三角波等信号发生电路的工作原理和设计方法。

(2) 进一步熟悉和掌握集成运算放大器电路在复杂电路中的应用。

(3) 进一步熟悉和掌握仿真软件在电路设计与调试中的作用。

(4) 熟悉并掌握综合电路的基本调试技巧和方法。

(5) 了解单片集成函数发生器 ICL8038 的基本原理。

3.2.2 预习要求

(1) 阅读有关波形产生电路的知识,掌握正弦波、方波、三角波等信号发生电路的工作原理和设计方法。

(2) 了解单片集成函数发生器 ICL8038 的基本原理。

(3) 仿真实现图 3.2.6 实验电路,观察输出波形。

3.2.3 实验原理

1) 实验电路原理

函数发生器能够自动产生正弦波、三角波、方波、锯齿波及阶梯波等波形。波形产生的方案有多种,如先产生方波,再积分得到三角波,再得到正弦波;或先产生正弦波,然后通过整形电路将正弦波变换成方波,再由积分电路变成三角波。在电路实现上可以用集成运算放大器和晶体管实现,也可以用集成电路(如单片集成函数发生器 ICL8038 等)实现。

　　本次实验中,采用集成运算放大器实现方波-三角波的生成。

　　图 3.2.1 所示电路能够自动产生方波-三角波。

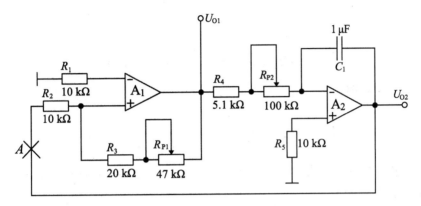

图 3.2.1　方波-三角波产生电路

　　该电路工作原理大致如下:若 A 点断开,则运放 A_1 与 R_1、R_2、R_3 及 R_{P1} 组成电压比较器,R_1 为平衡电阻,运放的反相端接基准电压,即 $U_- = 0$,同相端接输入电压 U_{in};比较器的输出 U_{o1} 的高电平等于正电源电压 $+V_{CC}$,低电平电压等于负电源电压 $-V_{EE}$(两者的绝对值相等)。当比较器的 $U_+ = U_- = 0$ 时,比较器翻转,输出 U_{o1} 从高电平 $+V_{CC}$ 跳到低电平 $-V_{EE}$,或从低电平跳到高电平。设 $U_{o1} = +V_{CC}$,则

$$U_+ = \frac{R_2}{R_2 + R_3 + R_{P1}}(+V_{CC}) + \frac{R_3 + R_{P1}}{R_2 + R_3 + R_{P1}}U_{in} = 0 \tag{3.2.1}$$

式中,R_{P1} 指电位器的调整值(以下相同),将式(3.2.1)整理,得比较器的下门限电位

$$U_{in-} = \frac{-R_2}{R_3 + R_{P1}}(+V_{CC}) = \frac{-R_2}{R_3 + R_{P1}}V_{CC} \tag{3.2.2}$$

　　若 $U_{o1} = -V_{EE}$,则比较器的上门限电位为

$$U_{in+} = \frac{-R_2}{R_3 + R_{P1}}(-V_{EE}) = \frac{R_2}{R_3 + R_{P1}}V_{CC} \tag{3.2.3}$$

　　比较器的门限宽度为

$$U_H = U_{in+} - U_{in-} = \frac{2R_2}{R_3 + R_{P1}}V_{CC} \tag{3.2.4}$$

由式(3.2.1)~式(3.2.4)可得比较器的电压传输特性,如图3.2.2所示。

A 点断开后,运放 A_2 与 R_4、R_{P2}、C_1 及 R_5 组成反相积分器,其输入信号为方波 U_{o1},则积分器的输出

$$U_{o2} = \frac{-1}{(R_4 + R_{P2}) C_1} \int U_{o1}\, dt \tag{3.2.5}$$

当 $U_{o1} = +V_{CC}$ 时,

$$U_{o2} = \frac{-(+V_{CC})}{(R_4 + R_{P2}) C_1} t = \frac{-V_{CC}}{(R_4 + R_{P2}) C_1} t \tag{3.2.6}$$

当 $U_{o1} = -V_{EE}$ 时,

$$U_{o2} = \frac{-(-V_{EE})}{(R_4 + R_{P2}) C_1} t = \frac{V_{EE}}{(R_4 + R_{P2}) C_1} t \tag{3.2.7}$$

可见,当积分器的输入为方波时,输出为一个上升速率与下降速率相等的三角波,其波形关系如图3.2.3所示。

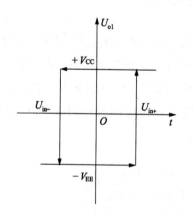

图 3.2.2 比较器的电压传输特性

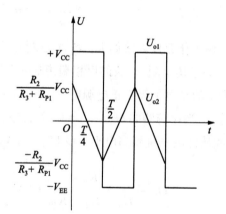

图 3.2.3 方波-三角波

当 A 点闭合后,比较器与积分器首尾相连,形成闭环电路,则自动产生方波-三角波。三角波的幅度为

$$U_{o2m} = \frac{R_2}{R_3 + R_{P1}} V_{CC} \tag{3.2.8}$$

方波-三角波的频率为

$$f = \frac{R_3 + R_{P1}}{4R_2 (R_4 + R_{P2}) C_1} \tag{3.2.9}$$

由式(3.2.8)和式(3.2.9)可知:

方波的输出电压幅度约等于电源电压 $+V_{CC}$,三角波的输出电压幅度不大于电源电压

$+V_{CC}$，调节电位器 R_{P1} 可实现幅度微调，但会影响频率。

调节 R_{P2} 在改变波形频率的同时一般不会影响波形的幅度。若要求输出波形频率范围可变，则可用改变 C_1 实现频率的粗调，调节 R_{P2} 实现频率的微调。

2）ICL8038 的介绍

ICL8038 是现在应用非常广泛的一种单片集成压控波形发生器，在 $0.01 \sim 300$ kHz 的范围里可以同时产生低失真正弦波、三角波和矩形波等脉冲信号。输出波形的频率和占空比还可以由电流或电阻控制。另外由于该芯片具有调频信号输入端，因此可以用来对低频信号进行频率调制。

（1）ICL8038 引脚功能及内部结构

ICL8038 的管脚排列为：1 脚正弦波线性调节，2 脚正弦波输出，3 脚三角波输出，4 脚恒流源调节，5 脚恒流源调节，6 脚正电源，7 脚调频基准，8 脚调频控制输入端，9 脚方波输出，10 脚正电位，11 脚负电源或接地，12 脚正弦波线性调节，13、14 脚空接。

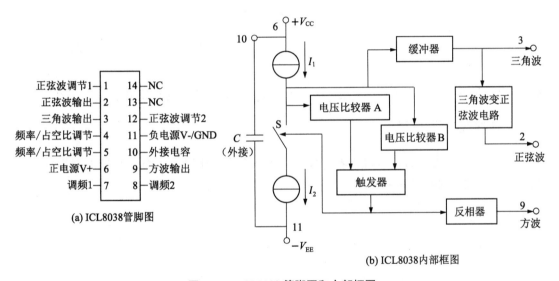

图 3.2.4　ICL8038 管脚图和内部框图

ICL8038 芯片主要由三角波振荡电路、比较器 A、比较器 B、触发器、三角波-正弦波变换电路、恒流源、反相器、缓冲器等组成。其内部组成结构如图 3.2.4(b)所示。两个比较器 A 和 B 的基准电压为 $2/3V_{CC}$ 和 $1/3V_{CC}$，由内部电阻分压网络提供。触发器的输出端控制外接电容的充、放电。充、放电的电流 I_A 和 I_B 的大小由外接电阻决定，当 $I_A = I_B$ 时，输出三角波，否则输出锯齿波。ICL8038 产生三角波-方波的原理图与图 3.2.1 所示电路的工作原理基本相同。ICL8038 可以采用单电源（$+10$ V$\sim +30$ V）供电，也可以采用双电源（± 15 V$\sim \pm 15$ V）供电。

（2）ICL8038 组成的音频函数发生器

ICL8038 组成的音频函数发生器如图 3.2.5 所示。电阻 R_1 与电位器 R_{P1} 用来确定 8 脚的直流电位 U_8，通常取 $U_8 \geqslant 2/3V_{CC}$。U_8 越高，I_A 和 I_B 越小，输出频率越低，反之亦然。因此,ICL8038 又称为压控振荡器(VCO)或频率调制器(FM)。

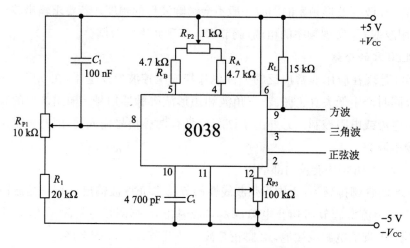

图 3.2.5　ICL8038 组成的音频函数发生器

图 3.2.5 中 R_{P1} 可调节的频率范围为 20 Hz～20 kHz。U_8 还可以由 7 脚提供固定电位,将 7 脚和 8 脚短接即可,此时,输出频率 f 仅由 R_A、R_B 及电容 C_t 决定。当采用双电源供电时,输出波形的直流电平为零。当采用单电源供电时,输出波形的直流电平为 $V_{CC}/2$。

3.2.4　实验仪器和器材

(1)数字示波器 1 台;(2)万用表 1 只;(3)多路直流稳压电源 1 台;(4)放大器 LM741 2 只;(5)电位器、电阻、电容若干。

3.2.5　实验内容

1) 计算机仿真部分

按图 3.2.6 连接好方波-三角波正弦波实验电路,启动仿真按钮。

(1) 当 $C_1 = 1\ \mu F$ 时:

① 用示波器观察 U_{o1}(方波)和 U_{o2}(三角波)的波形,测量波形的幅度和频率。

② 调节电位器 R_{P1}(即 R_7),观测对 U_{o1} 和 U_{o2} 幅值和频率的影响。

③ 调节电位器 R_{P2}(即 R_6),观测对 U_{o1} 和 U_{o2} 幅值和频率的影响。

(2) 当 $C_1 = 10\ \mu F$ 时,重复实验(1)的内容。

(3) 比较 C_1 取不同值时对波形的影响。

(4) 调节 R_{P3}(即 R_8)的值,在示波器中观察并记录三角波变换为正弦波的波形、幅值、频率。注意,若无正弦波则调节 R_8,如果波形失真,则调节 R_{17} 记录波形。

图 3.2.7 所示为在图 3.2.6 的参数状态下的波形图,以供参考。

2) 实验室操作部分

按图 3.2.1 连接好方波-三角波产生实验电路,并仔细检查确保电路无误。

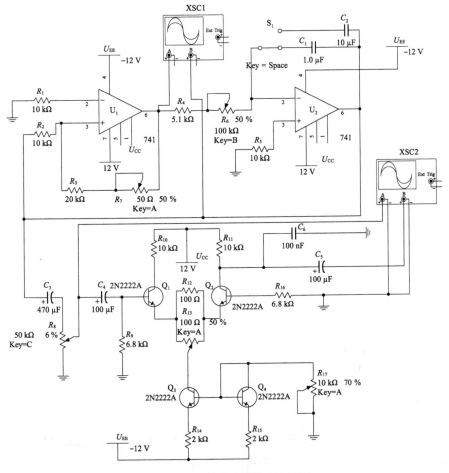

图 3.2.6　函数发生器仿真电路图

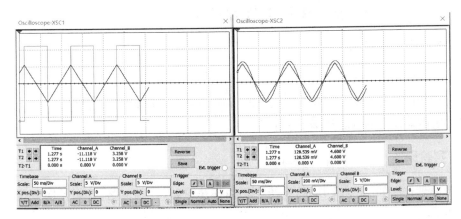

图 3.2.7　函数发生器波形图

（1）当 $C_1 = 1\ \mu\mathrm{F}$ 时：

① 用示波器观察 U_{o1} 和 U_{o2} 的波形，测量波形的幅值和频率。

② 调节电位器 R_{P1}，观测对 U_{o1} 和 U_{o2} 幅值和频率的影响。

③ 调节电位器 R_{P2}，观测对 U_{o1} 和 U_{o2} 幅值和频率的影响。

（2）当 $C_1 = 10\ \mu\text{F}$ 时，重复实验（1）的内容。

（3）比较 C_1 取不同值时对波形的影响。

3.2.6　实验报告要求

（1）完成仿真实验部分的内容。

（2）列表整理实验数据，并绘出相应的波形图。

（3）完成实验内容及步骤中的所有要求，并做出实验报告。

（4）分析实验中产生的现象和问题。

3.2.7　思考与讨论

（1）如何将方波-三角波发生器进行改进，使之产生占空比可调的矩形波和锯齿波信号？

（2）波形产生电路中有无电压输出？为什么？

3.3　声光报警电路

3.3.1　实验目的

报警器在人们的日常生活及公共安全领域应用广泛，比如有害气体报警器、防盗报警器以及消防报警器等。声光报警器是报警器中的一种，它可以同时将声音信号和光信号作为报警信号，以提高报警器的使用范围和使用效果。本实验拟设计一个简单声光报警器，通过对光信号和声音信号输出的合理控制，达到提高警示的目的。

3.3.2　设计指标与要求

（1）指示灯闪烁频率为 2 Hz。

（2）声音信号与指示灯闪光频率同步的断续音响和音响频率为 1 kHz。

（3）扬声器发出的音响功率不小于 0.5 W。

3.3.3　实验原理

系统原理框图如图 3.3.1 所示，系统主要由振荡电路、控制电路、音频振荡电路、功率放大电路组成。

首先由振荡电路产生 2 Hz 的振荡信号来控制指示灯报警，当发生需要报警事件时，振荡电路工作，指示报警灯闪烁。同时将振荡信号作为控制电路的输入信号，控制音频信号的振荡时间间隔，使指示灯和发声驱动信号能够同步。利用功率放大电路对音频信号进行功率放大以驱动扬声器发声。

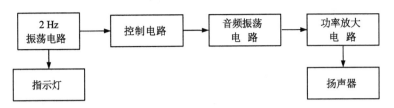

图 3.3.1 系统原理框图

3.3.4 实验器材

(1)低频信号发生器 1 台;(2)数字示波器 1 台;(3)万用表 1 只;(4)多路直流稳压电源 1 台;(5)发光二极管、喇叭各一个,电阻、电容等元器件若干。

3.3.5 实验内容

(1) 画出系统电路图并仿真实现。

(2) 按照电路连接元器件,认真检查电路是否正确,注意元器件管脚功能。

(3) 检查各部分电路是否能够正常工作。

3.3.6 实验报告要求

(1) 画出系统电路图并仿真实现。

(2) 总结电路整体设计、安装与调试过程。要求有电路图、原理说明、电路所需元件清单、电路参数计算、元件选择和测试结果分析。

(3) 分析安装、调试中发现的问题,提出故障排除的方法。

(4) 总结实验心得和设计建议。

3.4 音调控制电路的设计

3.4.1 实验目的

(1) 掌握音调设计电路的设计与参数的估算与测试。

(2) 提高综合电路设计和调试的能力。

3.4.2 设计指标与要求

设计一个三段曲线式音调控制器。技术要求为:

(1) 增益 $A_{VL} = A_{HL} \geqslant 20$ dB。

(2) 通频带 20 Hz~20 kHz。

(3) 音调控制特性:低音(125 Hz)和高音(8 kHz)处均有±12 dB 的调节范围;1 kHz 处

增益为 0 dB。

3.4.3 实验原理

音调控制主要是控制、调节音响放大器的幅频特性。理想的音响放大器控制曲线如图 3.4.1 所示,图中,f_0 表示中音频率,要求增益为 0 dB。f_{L1} 表示低音频转折(或截止)频率,一般为几十赫兹;f_{L2}(等于 $10f_{L1}$)表示低音频区的中音频转折频率;f_{H1} 表示高音频区的中音频转折频率;f_{H2}(等于 $10f_{H1}$)表示高音频转折频率,一般为几十千赫兹。

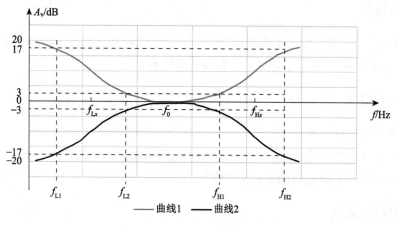

图 3.4.1 音调控制曲线

由图可见音调控制器只对低音频和高音频的增益进行提升和衰减,中音频的增益保持不变。因此,音调控制器的电路可以由低通滤波器与高通滤波器构成。由运算放大器构成的音调控制器,如图 3.4.2 所示。设电容 $C_1 = C_2 \gg C_3$,在中、低音频区 C_3 可视为开路,在中、高音频区,C_1、C_2 可视为短路。低音信号调节时,当 R_{P1} 滑臂到左端时,C_1 视为短路,低音信号经过 R_1、R_3 直接送入运放;而低音输出则经过 R_2、R_{P1}、R_3 负反馈送入运放,负反馈网络阻抗越大,负反馈量越小,放大倍数越大,因而低音提升量随 R_{P1} 动臂从中心点向

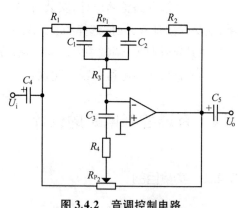

图 3.4.2 音调控制电路

左滑动而逐渐增至最大;当 R_{P1} 滑臂到右端时,则刚好与上述情形相反,因而低音衰减最大。不论 R_{P1} 的滑臂怎样滑动,因为 C_1、C_2 对高音信号可视为是短路的,所以此时对高音信号无任何影响。高音调节时,当 R_{P2} 滑臂到左端时,高音信号经 C_3、R_4 直接送入运放;而高音输出则经过 C_3、R_{P2}、R_4 负反馈送入运放,负反馈量最小,因而高音提升最大;当 R_{P2} 滑臂到右端时,则刚好相反,因而高音衰减最大。不论 R_{P2} 的滑臂怎样滑动,因为 C_3 对中低音信号可视为开路的,所以此时对中低音信号无任何影响。

这种电路调节方便,元器件少,噪声和失真较小,在一般收录机、音响放大器中应用较多。

3.4.4 实验器材

(1)低频信号发生器1台;(2)双踪示波器1台;(3)万用表1只;(4)多路直流稳压电源1台;(5)电阻、电容等元器件若干。

3.4.5 实验内容

(1)查阅相关资料,得出电路形式与参数值。

(2)根据设计的电路图在仿真软件上进行仿真组装与调试。

(3)在仿真达到设计指标的要求后搭建实验电路。

(4)验证实验参数是否与设计指标相符,分析原因。

3.4.6 实验报告要求

(1)撰写设计与调试报告,绘制电路图,参数选择要有具体计算过程。

(2)总结调试心得及体会。

(3)比较实验设计值和实测值,分析产生误差或实验失败的原因。

3.5 过、欠压报警与保护电路

3.5.1 实验目的

交流电网电压波动对于电冰箱、洗衣机、电风扇等家用电器,特别是对电源要求比较高的电器设备会造成一定的影响,严重时甚至可能造成电气设备的损坏。此外,交流电网电压不正常,还可能会造成自动控制系统失灵、电子仪器精度降低。本实验通过检测电网电压的波动,判断其偏离正常工作电压的大小,并根据家用电器用电规格,设计一个过、欠压报警与保护装置,以保护用电设备。当电网电压恢复正常后,亦能自动接通,使用电设备恢复工作,保证用电设备的正常、安全运行。

3.5.2 设计任务和要求

(1)电路具有过压、欠压、上电延迟、自动断电等功能。

(2)当电网电压在180～250 V时,显示电器设备正常工作,正常电压的范围可调。

(3)当电网交流电压>250 V或<180 V时,经3～5 s后本装置将切断用电设备的交流供电,同时发光警示,并可根据发光颜色的不同区分电压的高低;当电压超过250 V时,发出闪烁的红光报警;当电压低于180 V时,发出闪烁的黄光报警。

(4)电网电压恢复正常后,经过一定延时恢复正常供电。

3.5.3 实验原理

根据设计任务要求,过、欠压报警与保护电路的原理框图如图 3.5.1 所示,系统主要由整流滤波电路、稳压电路、双限比较器、多谐振荡器、延时电路和继电装置等组成。

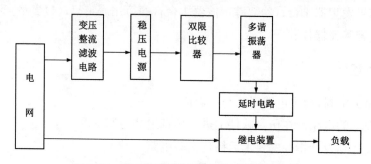

图 3.5.1　过、欠压报警与保护电路的原理框图

当电网供电电压在正常范围内时,经降压变压器及整流滤波、双门限电压比较后,输出一信号使多谐振荡器停振,报警电路不工作,绿灯亮。当电网供电电压发生异常,超过某一电压值时,多谐振荡器振荡,发出闪烁的红光报警。当电网供电电压发生异常,低于某一电压值时,多谐振荡器振荡,发出闪烁的黄灯报警。同时经延时电路,继电器的一组控制用电设备交流供电的常闭触点断开,迅速切断用电设备的交流供电,并用发光二极管提示用电设备已断电。当电网供电电压恢复正常后,继电器掉电,常闭触点恢复闭合,用电设备恢复闭合,用电设备得以恢复工作。

3.5.4 实验器材

(1)低频信号发生器 1 台;(2)双踪示波器 1 台;(3)万用表 1 只;(4)多路直流稳压电源 1 台;(5)电阻、电容等元器件若干。

3.5.5 实验内容

(1) 画出系统电路图并仿真实现。

(2) 按照电路连接元器件,认真检查电路是否正确,注意元器件的引脚功能。

(3) 单元电路检测,检查各单元电路的功能。

(4) 系统调试,观察系统功能能否实现。

3.5.6 实验报告要求

(1) 总结电路整体设计、安装与调试过程。要求有电路图、原理说明、电路所需元件清单、电路参数计算、元件选择和测试结果分析。

(2) 分析安装、调试中发现的问题及故障排除的方法。

(3) 总结实验心得和设计建议。

第 4 章
Multisim 14.0 仿真软件的使用

4.1 Multisim 软件介绍

4.1.1 Multisim 软件的特点

对于传统的电子实验类课程,学生首先学习理论知识,然后针对所学的理论知识进行实验操作,在整个实验操作过程中,学生可能需要经过反复实验、反复测量,才能够达到预期的效果。由此可知,传统的学习方法是高成本、低效率的。

随着计算机技术的迅速发展,仿真软件的设计能够帮助学生在实验操作过程中结合仿真,更好地理解和掌握电路,缩短了反复实验的时间,也减少了设计错误。针对目前的问题,美国国家仪器有限公司(National Instruments,NI)推出了以 Windows 为基础的仿真工具 Multisim。Multisim 是基于加拿大 IIT(Interactive Image Technologies)公司开发的虚拟电子工作台(Electronics Workbench,EWB)。Multisim 适用于板级的模拟/数字电路板的设计工作。它包含了电路原理图的图形输入、电路硬件描述语言输入方式,还包含许多虚拟仪器,具有丰富的仿真分析能力。这些仪器和分析能力提供了快速获得仿真结果的手段,同时也为实际工程应用中使用相应的仪器设备做好知识储备。

1) Multisim 的软件特点

Multisim 具有标准的 SPICE 仿真环境,分为专业版和教学版,目前已受到国内外教师、科研人员和工程师的广泛认可。Multisim 还拥有很多特色,如所见即所得的设计环境、互动式的仿真界面、动态显示元件、具有 3D 效果的仿真电路、虚拟仪表、分析功能与图形显示窗口等。它是电路教学解决方案的重要基础,用户不仅可通过设计、原型开发、电子电路测试等实践操作来提高学生的技能,还可在工程中使用 Multisim 设计方法减少原型迭代次数并帮助用户在设计过程中更及时地优化印刷电路板设计。利用 Multisim 可以实现计算机仿真设计与虚拟实验,下面从几个方面具体介绍 Multisim 的主要特点。

(1) 图形界面直观,操作简单易懂,用户易学易用。

(2) 仿真器完全交互式,用户在操作过程中能够对电路参数进行实时的改变。

(3) 具有丰富的元件库和虚拟仪器,用户可以很方便地在工程设计中使用。

（4）具有强大的分析功能，除了能用常用的测试仪器仪表对仿真电路进行测试外，还为用户提供了多达 24 种分析功能。

（5）拥有虚拟面包板环境，允许用户制作自己的电路进行实验，实验的效果与真实的实验效果相仿，如图 4.1.1 所示为 3D 虚拟面包板。

图 4.1.1　3D 虚拟面包板

（6）基于 MultiMCU 的单片机仿真，可以支持微控制器（Microcontroller Unit，MCU）的仿真。

（7）可拓展性强，提供了印刷电路板设计自动化软件 Altium Designer（Protel）及电路仿真软件 OrCAD（PSpice）之间的文件接口。

除此之外，Multisim 14.0 还增加了一些新的功能。

（1）主动分析模式，可更快速地获得仿真结果和运行分析。

（2）电压、电流和功率探针，可视化交互仿真结果。

（3）基于 Digilent FPGA 板卡支持的数字逻辑，使用 Multisim 探索原始 VHDL 格式的逻辑数字原理图，以便在各种 FPGA 数字教学平台上运行。

（4）可以同 Ultiboard 无缝链接，来完成高年级设计项目。

（5）用于 iPad 的 Multisim Touch，可随时随地进行电路仿真。

（6）借助来自领先半导体制造商的 6 000 多种新版和升级版仿真模型，扩展模拟和混合模式应用。

（7）先进的电源设计，借助来自 NXP（恩智浦半导体有限公司）和美国国际整流器公司开发的全新 MOSFET 和 IGBT，搭建先进的电源电路。

（8）基于 Multisim 和 MPLAB 的微控制器设计，可用于实现微控制器和外设仿真，可以借助 Multisim 与 MPLAB 之间的新协同仿真功能，使用数字逻辑搭建完整的模拟电路系统和微控制器。

2）Multisim Live 的软件特点

Multisim Live 是 Multisim 的网页在线版，仅能在 Windows 操作平台上使用，可以满足一定的仿真内容。下面介绍 Multisim 网页在线版的一些特点。

（1）Multisim 扩展体验

Multisim Live 是 Multisim（桌面版）的一项新功能。它允许用户采用当今学术领域和工业研究中使用的相同仿真技术，并可随时随地在任何设备上使用它。

（2）在任何操作系统上创建电路原理图

Multisim Live 可在 Web 浏览器中提供直观的原理图布局体验。借助熟悉的 Multisim 界面、元件库和相应的交互功能，用户可以毫无困难地实现电路设计。原理图可以在任何计算机或移动设备上进行查阅。

（3）无须安装的交互式电路仿真

用户无须安装任何应用软件即可实现交互式电路仿真。电路仿真能够实现测试电路的性能、演示设计的应用、向学生进行教学。

（4）相同的行业标准 SPICE 仿真

Multisim 一直是世界各地实验室的关键工具，它提供了一个由行业标准 SPICE 支持的教学环境，用于可视化电路行为。借助 Multisim Live，用户将拥有一条探索电子设计的道路，这条道路是根据来自世界各地的教育工作者、学生和研究人员的反馈而构建的。

（5）电路分享

在 Multisim Live 社区中能够分享用户的设计或探索他人创建的电路。Multisim Live 电路可以保密，与特定组共享，或通过公共网络链接广泛共享。

（6）完整的电路教学解决方案

NI 电路教学解决方案包括软件、硬件和涵盖模拟、数字和电力电子的课程材料。Multisim Live 与 Multisim（桌面版）、Analog Discovery 和 NI ELVIS 相结合，使用户能在课堂或工程实验室中建立自己的工程直觉。

（7）持续更新功能

Multisim Live 无须更新、升级或重新安装；所有更新都无缝地应用于账户和设计。

（8）从 Multisim Live 到实时测量的流式电路仿真

随着 Multisim Live 和 Measurements Live 的推出，NI 提供了一种新的实践学习方法，帮助用户将理论与现实相联系。用户在 Multisim Live 中模拟理论概念，使用 NI ELVIS Ⅲ 对实际电路进行原型设计，并使用 NI ELVIS Ⅲ 示波器在 Measurements Live 环境中将模拟与实际测量进行比较。

4.1.2　软件的安装和使用

Multisim 诞生至今发布了 6.0～14.0 多个版本，每次发布的新版本均会增加或改进一些功能，目前高校使用较多的是 10.0 和 12.0 的版本，本章则以 Multisim 14.0 为例介绍软件的使用方法。

1） Multisim 14.0 软件的安装

（1）官方下载完全试用版。

（2）输入安装序列号，完成安装。

（3）导入许可文件，完成软件安装。

（4）安装 Multisim。

（5）进入"开始"菜单，选择"所有程序"选项中"National Instruments"的"NI License Manager"。

（6）选项—安装许可证文件，装入许可文件，完成完全安装。

（7）安装 Multisim 的操作系统中的用户文件夹名不能是中文，否则可能会导致 Multisim 无法正常运行。

2） Multisim Live 在线仿真的注册

（1）打开浏览器，登录网址 https：//www.multisim.com。

（2）在首页上选择"SIGN UP FOR FREE"，注册个人账号，如图 4.1.2 所示。

图 4.1.2　Multisim Live 注册账号界面

（3）填写相关信息，创建账号，如图 4.1.3 所示。

图 4.1.3　创建 NI 账号界面　　　　图 4.1.4　登录 NI 账号界面

（4）如果注册成功，那么可以点击登录，注册成功后，登录界面如图 4.1.4 所示（注：登录需要填写两次登录密码）。

（5）登录成功后，选择"CREATE CIRCUIT"开始电路的设计与仿真，如图 4.1.5 所示。

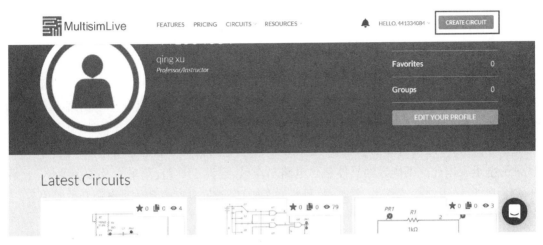

图 4.1.5　登录成功界面

（6）打开电路仿真平台界面，如图 4.1.6 所示，用户可在平台上进行操作。

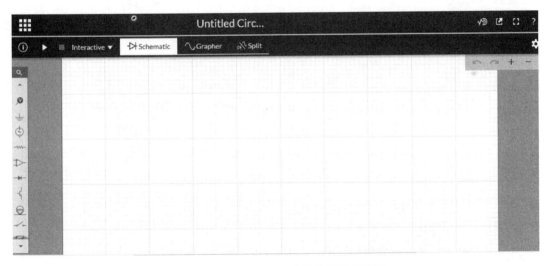

图 4.1.6　Multisim Live 电路仿真平台界面

4.2　Multisim 14.0 操作界面

Multisim 软件以直观的图形界面呈现，采用菜单、工具栏和热键相结合的方式，具有一般 Windows 应用软件的界面风格，用户可以根据自己的习惯和熟悉程度自如使用。不同的

Multisim 版本中,虚拟仪器仪表和元器件的图形风格可能略有差异,但基本功能和操作方法都是类似的。Multisim 14.0 提供了功能更强大的电子仿真设计界面,能进行包括微控制器件、射频、PSPICE、VHDL 等方面的各种电子电路的虚拟仿真,提供了更为方便的电路图和文件管理功能,且兼容 Multisim 12.0 等,可在 Multisim 14.0 的基本界面下打开在 Multisim 12.0 及以下等版本软件下创建和保存的仿真电路。

4.2.1   Multisim 14.0 的工作界面

在"开始"菜单中选择"National Instrument"文件,选择"NI Multisim 14.0",或者双击运行 Multisim 14.0 主程序,即可启动软件。软件启动成功后在计算机屏幕上出现 Multisim 14.0 工作界面,如图 4.2.1 所示。Multisim 14.0 是基于 Windows 的仿真软件,其界面风格与其他 Windows 应用软件基本一致,主要由菜单栏、电路窗口和状态栏等组成,模拟了一个实际的电子工作台。工作界面具体包含电路工作区、设计工具箱、菜单栏及各个菜单、子菜单命令功能、常用快捷工具栏、状态栏、元器件库栏、仪器仪表库栏和仿真电源开关等内容。

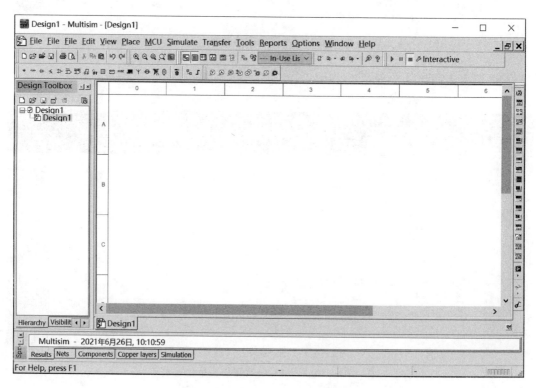

图 4.2.1   Multisim 14.0 的工作界面

Multisim 14.0 的工作界面如同一个实际的电子实验台。屏幕中央区域最大的窗口就是电路工作区,在电路工作区上可将各种电子元器件和测试仪器仪表连接成实验电路。电路工作区上方是菜单栏、工具栏、元器件库栏和仿真电源开关,右边是仪器仪表栏,下方是状态栏。从菜单栏可以选择电路连接和实验所需的全部命令。工具栏包含了菜单中一些常用的操作命令按钮,元器件库栏存放着各种电子元器件,仪器仪表栏存放着各种测试仪器仪表。用鼠标操作可以很方便地从元器件库栏和仪器仪表栏中提取实验所需的各种元器件及仪器仪表到电路工作区,并将其连接成实验电路。主窗口左边是设计工具箱,在这里可以以资源管理器的形式显示所有打开的项目和相关文件资源。仿真电源开关通过启动/停止按钮或暂停/恢复按钮可以方便地控制仿真的进程。

用户也可以通过"View"(视图)菜单中的命令或用鼠标拖动未锁定状态下的工具栏,改变主窗口的视图内容和排布形式,得到自定义的工作界面,以适应自己的操作习惯。

4.2.2　Multisim 14.0 的菜单栏

Multisim 14.0 的菜单栏(Menus)位于主窗口的上方,包括 File、Edit、View、Place、MCU、Simulate、Transfer、Tools、Reports、Options、Window 和 Help 共 12 个主菜单。如图 4.2.2 所示。每个主菜单下都有一个下拉菜单。

File　Edit　View　Place　MCU　Simulate　Transfer　Tools　Reports　Options　Window　Help

图 4.2.2　Multisim 14.0 的菜单栏

1)"File"(文件)菜单

文件(File)菜单主要用于管理所创建的电路文件,其中包括文件和项目的基本操作及打印等命令。其功能如下所示:

New:建立新文件。

Open:打开文件。

Open samples:打开 Multisim 自带的样例电路。

Close:关闭当前文件。

Close all:关闭所有打开的文件。

Save:保存。

Save as:另存为。

Save all:将电路工作区内的文件全部保存。

Export template:导出模板。

Snippets:包括"Save selection as snippet"(将所选项保存为 snippet 格式)、"Save active design as snippet"(将当前设计保存为 snippet 格式)、"Paste snippet"(粘贴 snippet 文件)、"Open snippet file"(打开 snippet 文件)4 个子菜单。

Projects and packing:项目与打包,包括"New project"(新建项目)、"Open project"(打开项目)、"Save project"(保存当前项目)、"Close project"(关闭项目)、"Pack project"(打包当前项目)、"Unpack project"(解包当前项目)、"Upgrade project"(升级当前项目)、"Version control"(版本管理)8 个子菜单。

Print:打印电路图。

Print preview：打印预览。

Print options：打印选项，包括"Print circuit setup"（打印电路设置）、"Print instruments"（打印工作区域内的仪器仪表）2个子菜单。

Recent designs：最近编辑过的文件。

Recent projects：最近编辑过的项目。

File information：显示当前文件信息（保存路径、创建和修改时间、应用程序版本等）。

Exit：退出 Multisim。

2）"Edit"（编辑）菜单

编辑（Edit）菜单包括一些最基本的编辑操作命令（如 Undo、Cut、Copy、Paste 等命令）和元器件的位置操作命令，如对元器件进行旋转和对称操作的定位（Orientation）等命令。其功能如下所示：

Undo：取消前一次操作。

Redo：恢复前一次被撤销的操作。

Cut：剪切所选择的元器件，放在剪贴板中。

Copy：将所选择的元器件复制到剪贴板中。

Paste：将剪贴板中的元器件粘贴到指定的位置。

Paste special：特殊粘贴，包括"Paste as subcircuit"（作为子电路粘贴）、"Paste without renaming on-page connectors"（粘贴时不重命名页面上的连接器）2个子菜单。

Delete：删除所选择的元器件、导线或仪器仪表。

Delete multi-page：删除多页面。

Select all：选择电路中所有的元器件、导线和仪器仪表。

Find：查找电路原理图中的元器件。

Merge selected buses：合并选中的总线。

Graphic annotation：图形注释，可对工作区的图形元素进行格式设置，包括线型、线条颜色、填充纹理等。

Order：图形叠放顺序，包括"Bring to front"（上移一层）、"Send to back"（下移一层）2个子菜单。

Assign to layer：图层分配，用于将某个选中的对象分配到某个注释层。

Layer settings：图层设置。单击后会调出对话框，列出当前可见的固定图层（layer），并可添加用户自定义图层。此功能亦可通过选择"Options"选项中的"Sheet properties"菜单命令调出"Sheet properties"对话框，在"Layer settings"选项卡中实现。

Orientation：旋转方向选择，包括"Flip horizontal"（将所选择的元器件左右翻转）、"Flip vertical"（将所选择的元器件上下翻转）、"Rotate 90° clockwise"（将所选择的元器件顺时针旋转 90°）、"Rotate 90° counter clockwise"（将所选择的元器件逆时针旋转 90°）4 种操作。

Align：对齐，可将选中状态的对象对齐排布，包括"Align left"（左对齐）、"Align right"（右对齐）、"Align centers vertically"（垂直中心对齐）、"Align bottom"（底部对齐）、"Align top"(顶部对齐)、"Align centers horizontally"(水平中心对齐)6 种对齐方式。

Title block position：工程图明细表位置,可选择原理图纸上的"Bottom right"(右下角)、"Bottom left"(左下角)、"Top right"(右上角)、"Top left"(左上角)4 个位置。

Edit symbol/title block：编辑选中的元器件符号或者工程图明细表。

Font：字体设置。

Comment：编辑评论/注释。

Forms/questions：格式/问题,用于显示"Edit Form"(编辑表格)对话框,可对设计相关问题进行编辑。

Properties：属性编辑。单击后会显示当前选中对象的属性对话框;如果没有对象被选中,那么打开"Sheet Properties"对话框。

3) "View"(视图)菜单

视图(View)菜单包括调整窗口视图的命令,用于添加或隐藏工具条、元件库栏和状态栏。在窗口界面中显示网格,以提高在电路搭接时元器件相互位置的准确度。此外,还包括放大或缩小视图的尺寸,以及设置各种显示元素等命令。其功能如下所示:

Full screen：全屏显示电路工作区。

Parent sheet：显示(当前子电路的)上级电路图。

Zoom in：放大电路原理图。

Zoom out：缩小电路原理图。

Zoom area：放大选中的区域(用鼠标拖曳选择区域)。

Zoom to sheet：显示完整电路图纸。

Zoom to magnification：显示缩放对话框,按比例放大。

Zoom selection：放大选中的元器件。

Grid：显示或者隐藏工作区底纹栅格(打钩时表示显示)。

Border：显示或者隐藏图纸边界的框格。

Print page bounds：显示或者隐藏打印页边界。用虚线显示的页边界可帮助用户知道打印后图纸上的元素会显示在哪张或者哪部分打印纸上。

Ruler bars：显示或者隐藏标尺栏。

Status bar：显示或者隐藏状态栏。

Design toolbox：显示或者隐藏设计工具箱。

Spreadsheet view：显示或者隐藏电子数据表扩展显示窗口。

SPICE Netlist viewer：显示 SPICE 网表查看器。

LabVIEW co-simulation terminals：显示 LabVIEW 联合仿真终端窗口栏(注：联合仿真需安装相关软件和插件)。

Description box：打开电路描述窗口栏,可用于添加或者编辑电路注释和其他信息。

Toolbar：显示或者隐藏工具栏,下有多个子选项,打钩的工具栏会在界面上显示。

Show comment/probe：显示或者隐藏注释/标注。

Grapher：显示或者隐藏图形编辑器。

4）"Place"（放置）菜单

放置（Place）菜单包括放置元器件、结点、线、文本、标注等常用的绘图元素，同时包括创建新层次模块、层次模块替换、新建子电路等关于层次化电路设计的选项。其功能如下所示：

Component：放置元器件，单击后会显示元器件数据库浏览窗口，可选择需要的对象放入电路工作区。

Probe：放置测试探针，此功能 14.0 版本不同于以往低版本，包含"Voltage"（电压）、"Current"（电流）、"Power"（电源）、"Differential voltage"（差分电压）、"Voltage and Current"（电压与电流）、"Voltage reference"（电压参考）、"Digital"（数字）7 个功能选项。

Junction：放置节点。

Wire：放置导线。

Bus：放置总线。

Connectors：放置输入/输出连接器，子菜单中有 9 种类型的连接器。

New hierarchical block：新的层次模块，用于在层次结构中放置一个未添加任何元器件的新的层次模块。

Hierarchical block from file：放置一个来自文件的层次模块。

Replace by hierarchical block：将选中的一组元素用一个层次模块替换。

New subcircuit：创建一个新的空白子电路。

Replace by subcircuit：将选中的一组元器件用一个包含这些元器件的子电路替换。

Multi-page：打开一个新的平面页面，用于在一个设计下设置多页电路图。

Bus vector connect：总线矢量连接。当一个多引脚器件（如 IC）与总线相连时，推荐采用总线矢量连接。

Comment：注释，用于在工作区中或者元器件上添加一个注释标签。

Text：放置文字。

Grapher：放置图形。可选图形对象包含"Line"（直线）、"Multiline"（组合直线）、"Rectangle"（矩形）、"Ellipse"（椭圆形）、"Arc"（弧线）、"Polygon"（多边形）、"Picture"（图片）7 种样式。

Circuit parameter legend：电路参数图例。

Title block：放置工程标题栏。

5）"MCU"（微控制器）菜单

微控制器（MCU）菜单包括一些与 MCU 调试相关的选项，如调试视图格式、MCU 窗口等，还包括一些调试状态的选项，如单步调试的部分选项，可对电路与 MCU 进行联合仿真，实现对嵌入式设备的软件开发，包括编写和调试程序代码等工作。其功能如下所示：

No MCU component found：没有创建 MCU 元器件。

Debug view format：调试视图格式。

MCU windows：MCU 窗口。

Line numbers：显示线路数目。

Pause：暂停。

Step into：单步执行，遇到子函数就进入并且继续单步执行。

Step over：单步执行，遇到子函数就越过，即把子函数整个作为一步。

Step out：与"Step into"配合使用。当单步执行到子函数内时，用"Step out"就可以执行完子函数余下部分，并返回到上一层函数。

Run to cursor：使程序运行到当前鼠标光标所在行时暂停执行。

Toggle breakpoint：设置断点。

Remove all breakpoint：移除所有的断点。

6）"Simulate"（仿真）菜单

仿真（Simulate）菜单包括一些与电路仿真相关的选项，如运行、暂停、停止、仪表、交互仿真设置等。其功能如下所示：

Run：开始仿真。

Pause：暂停仿真。

Stop：停止仿真。

Analyses and simulation：选择仿真分析类型或停止当前仿真，此功能是 14.0 版本不同于低版本的，仿真运行和分析需要在该选项中进行选择，使用方法详见 4.5 节。其子菜单如图 4.2.3 所示。

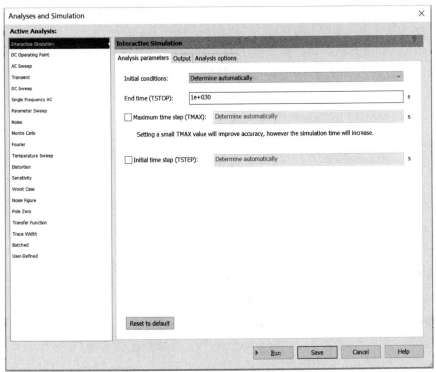

图 4.2.3　Analyses and simulation 菜单

Instruments：选择虚拟仪器仪表。可选虚拟仪器仪表与仪器仪表工具栏上的对象相同，使用方法详见 4.4 节。

Mixed-mode simulation settings：混合模式仿真设置。当设计中包含数字器件时，允许用户选择仿真的最佳精度或最优速度。

Probe settings：探针设置。

Reverse probe direction：将一个已放置的探针极性反向。

Locate reference probe：定位参考探针。

NI ELVIS Ⅱ simulation settings：NI ELVIS Ⅱ 仿真设置。

Postprocessor：启动后处理器。

Simulation error log/audit trail：仿真误差记录/查询索引。

XSpice command line interface：XSpice 命令行界面。

Load simulation setting：导入仿真设置。

Save simulation setting：保存仿真设置。

Auto fault option：自动故障选择。可在设计的电路中随机选择元器件设置故障进行仿真分析，故障数量和类型可由用户自行设定。

Clear instrument data：清除仪器仪表数据。

Use tolerances：使用容差。

7）"Transfer"（传输）菜单

文件传输（Transfer）菜单用于将所搭建电路及分析结果传输给其他应用程序，如 PCB、EDA 和 Excel 等。其功能如下所示：

Transfer to Ultiboard：将电路图传送给 Ultiboard 14.0 或者其他早期版本。

Forward annotate to Ultiboard：创建 Ultiboard 14.0 注释文件或者其他早期版本注释文件。

Backward annotate from file：从文件中反向传输注释。将一个 Ultiboard 设计文件中的修改（如删除某一元器件）用注释文件反向传送给 Multisim 设计文件。

Export to other PCB layout：输出非 Ultiboard 格式的 PCB 设计图。

Export netlist：输出网表文件。

Highlight selection in Ultiboard：高亮显示被选中对象。当 Ultiboard 处于运行状态时，在 Multisim 中被选中的元器件会在 Ultiboard 中被高亮显示。

8）"Tools"（工具）菜单

工具（Tools）菜单用于创建、编辑、复制、删除元器件，可为管理、更新元器件库等提供针对元器件的编辑与管理命令。其功能如下所示：

Component wizard：元器件编辑器。

Database：数据库，包含"Database manager"（元件数据库管理窗口）、"Save component to database"（把当前选中元件保存到数据库中）、"Merge database"（合并到用户或者公司的元件数据库）、"Convert database"（将一个现有的公司或者用户元件数据库的元器件转换成

Multisim 格式)4 个子菜单。

Variant manager：变量管理器。

Set active variant：设置动态变量。

Circuit wizards：电路编辑器，包括"555 timer wizard"（555 定时器编辑器）、"Filter wizard"（滤波器编辑器）、"Opamp wizard"（运算放大器电路编辑器）、"CE BJT amplifier wizard"（共射极三极管放大电路编辑器）4 个子菜单。

SPICE netlist viewer：网表查看器，包括"Save SPICE netlist"（将 SPICE 网表查看器中的内容另存为一个.cir 文件）、"Select all"（选中 SPICE 网表查看器中的所有文本内容）、"Copy SPICE netlist"（复制 SPICE 网表查看器中的内容）、"Print SPICE netlist"（打印 SPICE 网表查看器中的内容）、"Regenerate SPICE netlist"（更新当前设计的 SPICE 网表）5 个子菜单。

Advanced RefDes configuration：高级 RefDes 配置。

Replace components：替换元器件。

Update HB/SC symbols：更新层次模块（Hierarchical block）或子电路（Subcircuit）的符号。

Electrical rules check：电气规则检验。

Clear ERC markers：清除 ERC 标志。

Toggle NC marker：设置 NC 标志。

Symbol editor：符号编辑器。

Title block editor：工程图纸标题栏编辑器。

Description box editor：描述箱编辑器。在描述箱中，可插入文本、位图、声音、视频等，对电路进行整体描述。

Capture screen area：选择区域屏幕抓图。

Online design resources：网上设计资源。将弹出 Web 页面，允许用户查找和选择网上的元器件。

9）"Reports"（报告）菜单

报告（Reports）菜单包括与各种报告相关的选项。其功能如下所示：

Bill of report：材料清单。用于列出当前用到的所有元器件，生成制作电路板所需的元器件汇总表。

Component detail report：元器件详细报告。调出元器件数据库对话框，可选择某一元器件，生成该元器件的数据库详情报告。

Netlist report：网表报告。生成网表文件，用文本方式显示/打印电路元器件之间的连接关系。

Cross reference report：交叉引用报告。生成当前设计的所有元器件详情表。

Schematic statistics：统计报告。列出设计中各种元素的统计数据，如元器件、门、引脚、页面等的数量。

Spare gates report：剩余门电路报告。生成设计中所有元器件里未使用的门的列表。

10）"Options"（选项）菜单

选项（Options）菜单可对程序的运行、环境和界面进行设置。其功能如下所示：

Global preferences：全局参数设置。

Sheet properties：工作台界面设置。

Lock toolbars：锁定工具栏。

Customize user interface：用户界面设置。

11）"Window"（窗口）菜单

窗口（Window）菜单包括与窗口显示方式相关的选项。其功能如下所示：

New window：建立新窗口。

Close：关闭窗口。

Close all：关闭所有窗口。

Cascade：窗口层叠。

Tile horizontal：窗口水平平铺。

Tile vertical：窗口垂直平铺。

Design1：当前电路窗口,新电路名默认为 Design1。

Next window：下一个窗口。

Previous window：前一个窗口。

Windows：窗口选择。

12）"Help"（帮助）菜单

帮助（Help）菜单提供在线帮助和辅助说明,按下键盘上的"F1"键也可获得帮助。其功能如下所示：

Multisim help：主题目录,快捷键为"F1",可检索关于 Multisim 软件的各种帮助信息。

NI ELVISmx help：关于 NI ELVISmx 的帮助。

Getting started：打开.pdf 格式的帮助文档"NI 电路设计套件入门"。

Patents：专利权。

Find examples：查找示例电路。

About Multisim：有关 Multisim 的说明。

4.2.3 Multisim 14.0 的工具栏

工具栏的所有功能都可以通过"View"选项中的"Toolbars"选择需要的工具,"Option"选项中的"Lock toolbars"菜单若勾选,则表示工具栏没有被锁定,用户可以用鼠标拖动工具栏左侧或顶部的双线,自由安排每个工具栏的摆放位置。它们可以直接排列在菜单栏下面,也可作为一个独立对象,单独放在页面上任何位置。

1）系统工具栏

系统工具栏包括新建、打开、打印、保存、放大、剪切、撤销等常见的功能按钮，如图4.2.4所示。

图 4.2.4 系统工具栏

2）设计工具栏

设计工具栏是 Multisim 14.0 的核心，使用它可进行电路的建立、仿真、分析并最终输出设计数据（虽然菜单栏中也已包含了这些设计功能，但使用该设计工具栏进行电路设计将会更方便快捷）。设计工具栏按钮共有 12 个，如图 4.2.5 所示。

图 4.2.5 设计工具栏

用元器件列表（In Use List）可列出当前电路所使用的全部元器件，以供检查或重复调用。用"Interactive"可快捷打开"Analyses and simulation"选项，用于选择仿真分析类型或停止当前仿真。

3）元器件库工具栏

元器件库工具栏实际上是用户在电路仿真中可以使用的所有元器件符号库，它与 Multisim 14.0 的元器件模型库对应，共有 18 个分类库，每个库中放置着同一类型的元器件。在取用其中的某一个元器件符号时，实质上是调用了该元器件的数学模型，如图 4.2.6 所示。

图 4.2.6 元器件库工具栏

用鼠标单击元器件库栏的某一个图标，即可打开该元器件库窗口，该窗口所展示的信息基本相似，以源（Sources）元器件库组为例说明该窗口的内容，如图 4.2.7 所示。读者还可使用在线帮助功能查阅有关的内容。在元器件库中，虚拟元器件的参数是可以任意设置的，非虚拟元器件的参数是固定的，但可以选择。

（1）电源/信号源库（Source）：包含接地端、直流电压源（电池）、正弦交流电压源、方波（时钟）电压源、压控方波电压源等多种电源与信号源。

（2）基本元器件库（Basic）：包含电阻、电容等多种元器件。其中，实际元器件箱 18 个，虚拟元器件箱 7 个。虚拟元器件箱中的元器件（带绿色衬底）不需要选择，而是直接调用，然后再通过其属性对话框设置其参数值。不过，在选择元器件时还是应该尽量到实际元器件箱中去选取，这不仅是因为选用实际元器件能使仿真更接近于实际情况，还因为实际的元器

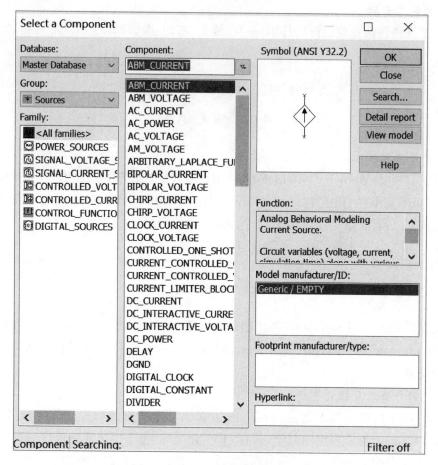

图 4.2.7　Sources 元器件库组界面

件都有元器件封装标准,可将仿真后的电路原理图直接转换成 PCB 文件。但在选取不到某些参数,或者要进行温度扫描或参数扫描等分析时,就要选用虚拟元器件。基本元器件库中的元器件可通过其属性对话框对其参数进行设置。实际元器件和虚拟元器件的选取方式有所不同。

(3) 二极管库(Diode):包含普通二极管、发光二极管、开关二极管等多种元器件。其中,发光二极管有 6 种不同颜色,使用时应注意,该元器件只有正向电流流过时才产生可见光,其正向压降比普通二极管大。红色 LED 的正向压降为 1.1~1.2 V,绿色 LED 的正向压降为 1.4~1.5 V。

(4) 晶体管库(Transistor):包含晶体管、FET 等多种元器件,共有 30 个元器件箱。其中,14 个实际元器件箱中的元器件模型对应世界主要厂家生产的众多晶体管元器件,具有较高精度。另外 16 个带绿色背景的虚拟晶体管相当于理想晶体管,其参数具有默认值,也可打开其属性对话框,对其参数进行修改。

(5) 模拟集成元器件库(Analog):包含多种运算放大器。

(6) TTL 元器件库(TTL):包含 74××系列和 74LS××系列等 74 系列数字电路元器

件。使用 TTL 元器件库时，器件逻辑关系可查阅相关手册或利用帮助文件。有些器件是复合型结构，在同一个封装有多个相互独立的对象，如 7400N，有 A、B、C、D 这 4 个功能完全相同的二端与非门，可在选用器件时弹出的下拉列表框中任意选取。

（7）CMOS 元器件库（CMOS）：包含 40××系列和 74HC××系列等多种 CMOS 数字集成电路系列元器件。

（8）微控制器元器件库（MCU）：包含 805×、PIC、RAM、ROM 等多种微控制器。

（9）高级外设（Advanced peripherals）：包含键盘、LCD 等多种元器件。

（10）其他数字元器件库（Misc Digital）：包含 DSP、FPGA、CPLD、VHDL 等多种元器件，实际上是用 VHDL、Verilog-HD 等其他高级语言编辑的虚拟元器件按功能存放的数字元器件，不能转换为版图文件。

（11）数模混合集成电路库（Mixed）：包含 ADC/DAC、555 定时器等多种数模混合集成电路元器件，其中 ADC/DAC 虽无绿色衬底也属于虚拟元器件。

（12）指示元器件库（Indicator）：包含电压表、电流表、七段数码管等多种元器件。

（13）电源元器件库（Power）：包含三端稳压器、PWM 控制器等多种电源元器件，用来显示电路仿真结果的显示器件。交互式元器件不允许用户从模型进行修改，只能在其属性对话框中设置其参数。

（14）混合项（Misc）元器件库：包含虚拟元器件、CRYSTAL 等元器件。

（15）射频元器件库（RF）：包含射频晶体管、射频 FET、微带线等多种射频元器件，这是目前众多电路仿真软件所不具备的。当信号处于高频工作状态时，电路元器件的模型要产生质的改变。

（16）机电类元器件库（Elector_Mechanical）：包含开关、继电器等多种机电类元器件。

（17）各类接口元器件库（Connectors）：包含 POWER、USB 等多种接口元器件。

（18）NI 元器件库（NI_Components）：包含 NI 公司的通用接口、DAQ 芯片等多种元器件。

4）仪器库工具栏

对电路进行仿真运行，通过对运行结果的分析，判断设计是否正确、合理，是 EDA 软件的一项主要功能。为此，Multisim 14.0 为用户提供了类型丰富的虚拟仪器仪表，可以从菜单命令中选择"Simulate"选项中的"Instruments"，或从工作界面右侧的仪器库工具栏中选用这些仪器仪表。在选用后，各种虚拟仪器仪表都以面板的方式显示在电路中。在这些虚拟仪器仪表中，有普通电子实验室常见的通用仪器仪表，如万用表、函数信号发生器、双踪示波器、直流电源等，还有一些科研开发中常用的测试仪器仪表，如波特图示仪、字信号发生器、逻辑分析仪、逻辑转换器、失真仪、频谱分析仪和网络分析仪等；此外还有与现实中的特定仪器仪表结合的虚拟仪器仪表，如与安捷伦（Agilent）公司的示波器、万用表、函数信号发生器及泰克（Tektronix）公司的示波器对应的虚拟仪器仪表，其在软件中的工作面板和操作方式与实际的仪器仪表完全一致，只是改用鼠标操作而已。仪器库工具栏的图标如图 4.2.8 所示。

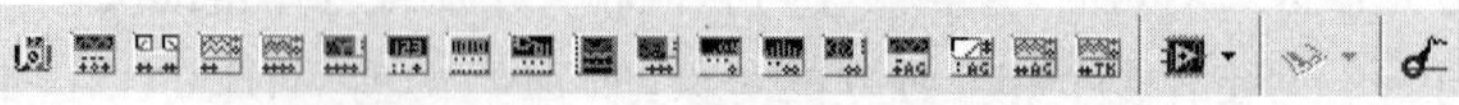

图 4.2.8　仪器库工具栏

5）其他工具栏

Multsim 14.0 的版本中测试探针并没有显示在虚拟仪器工具栏中，用户可以通过菜单命令中"Place"选项中的"Probe"来进行放置，或通过测试探针工具栏快捷放置，如图 4.2.9 所示。

图 4.2.9　测试探针工具栏

4.3　Multisim 14.0 操作方法

Multisim 14.0 软件界面直观简洁，元器件操作、电路连接和虚拟仪器仪表使用方便，易于学习，是一种特别适合初学者上手的电子电路仿真软件。

4.3.1　创建电路窗口

1）文件的基本操作

运行 Multisim 14.0，软件打开时默认一个空白的电路工作区。电路工作区是用户放置元器件、创建电路的工作区域，用户新建电路的方式有 3 种：

（1）在菜单命令中选择"File"选项中的"New"选项；

（2）单击系统工具栏中的"New"按钮 □；

（3）使用电路创建快捷键"Ctrl+N"。

初次创建一个电路窗口时，使用的是默认选项。用户可以对默认选项进行修改，新的设置会和电路文件一起保存，这就可以保证用户的每一个电路都有不同的设置。如果在保存新的设置时设定了优先权，即选中了"Set as default"复选框，那么当前的设置不仅会应用于正在设计的电路，而且还会应用于此后将要设计的一系列电路。

参照创建电路的方法，用户可以实现打开文件、关闭文件和保存文件等功能，此处不做赘述。

2）页面的属性设置

Multisim 14.0 允许用户创建符合自己要求的电路窗口，其中包括界面的大小、网格、页数、页边框、纸张边界及标题框是否可见，符号标准（美国标准或欧洲标准）等。

选择菜单命令"Options"选项中的"Sheet properties"选项，或在电路工作区内单击鼠标右键选择"Properties"，系统弹出"Sheet Properties"对话框，其属性设置包含"Sheet

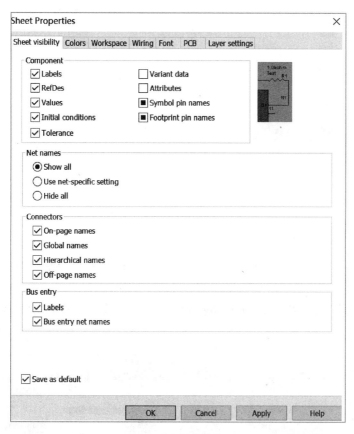

raft

Invalid.

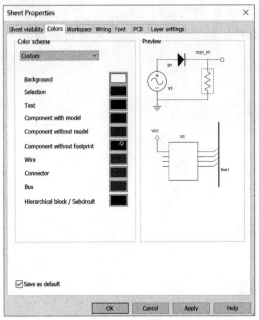

visibility”“Colors”“Workspace”“Wiring”“Font”“PCB”和“Layer settings”7 个内容，如图 4.3.1 所示。页面的显示大小可以通过系统工具栏的“Zoom in/out”，或者鼠标滚轮来实现。

图 4.3.1 “Sheet Properties”设置中的“Sheet visibility”对话框

(1) “Sheet visibility”：用户可以在该对话框中修改有关可视化的属性，如元件标签显示、网络节点的显示、连接的显示等。

(2) “Colors”：用户可以在“Color scheme”选项中选取一种预设的颜色配置方案，也可以选择下拉列表框中的“Custom”选项，自定义一种自己喜欢的颜色配置。右侧的“Preview”可显示当前颜色设置，如图 4.3.2 所示。

(3) “Workspace”：包含“Show”“Sheet size”和“Custom size”三个内容。其中，“Show”包含“Show grid”(显示背景网格)、“Show page bounds”(显示纸张边界)和“Show border”(显示电路图边框)；“Sheet size” 下拉列表框中用于选择界面尺寸，提供了几种常用型号的图纸供用户选择。选定下拉框中的纸张型号后，与其相关的宽度、高度将显示在右侧“Custom size”选项组中，“Custom size”可自定义界面的尺寸，用户习惯可选择 Inches(英尺)或 Centimeters(厘米)，然后设置界面的宽度和高度值。此外，在“Orientation”选项组内，可设置纸张放置的方向为横向或者竖向，如图 4.3.3 所示。

图 4.3.2 "Colors"对话框

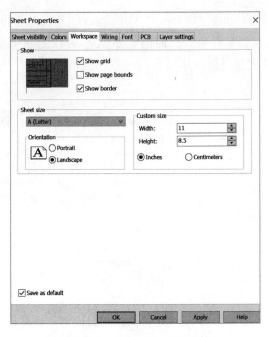

图 4.3.3 "Workspace"对话框

（4）"Wiring"：用户可以在"Drawing option"选项中设置导线和总线的线宽，如图4.3.4 所示。

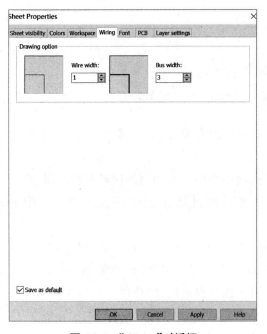

图 4.3.4 "Wiring"对话框

图 4.3.5 "Font"对话框

（5）"Font"：用户可以在该选项中设置字体的大小和样式等，如图 4.3.5 所示。

设置完毕后单击"OK"按钮确认,若取消设置则单击"Cancel"按钮。选中"Save as default"复选框,可将当前设置保存为默认设置。

4.3.2　元器件的基本操作

电路是由多个元器件组成的,原理图设计离不开元器件,因而元器件的选取、放置、属性设置、查找等属性需要掌握。

1)　元器件的选取

Multisim 14.0 的元器件分别存放在 3 个数据库中:"Master Database""Corporate Database" 和 "User Database"。Master Database 是厂商提供的元器件库;Corporate Database 是用户自行向各厂商索取的元器件库;User Database 是用户自己建立的元器件库。

用户可以通过以下 3 种方法打开元器件库:

(1) 通过电路窗口上方的元器件工具栏;

(2) 选择菜单命令"Place"选项中的"Component"选项浏览所有的元器件系列;

(3) 电路工作区内单击鼠标右键选择"Place component";

在元器件库中选取元件可根据不同的类别进行查找,也可以通过"Search"功能查询数据库中的元器件,如图 4.3.6 所示。其中,元器件库组件类别介绍详见 4.2.2 中的元器件库工具栏介绍部分,元件检索规则可参照 Windows 软件检索规则。

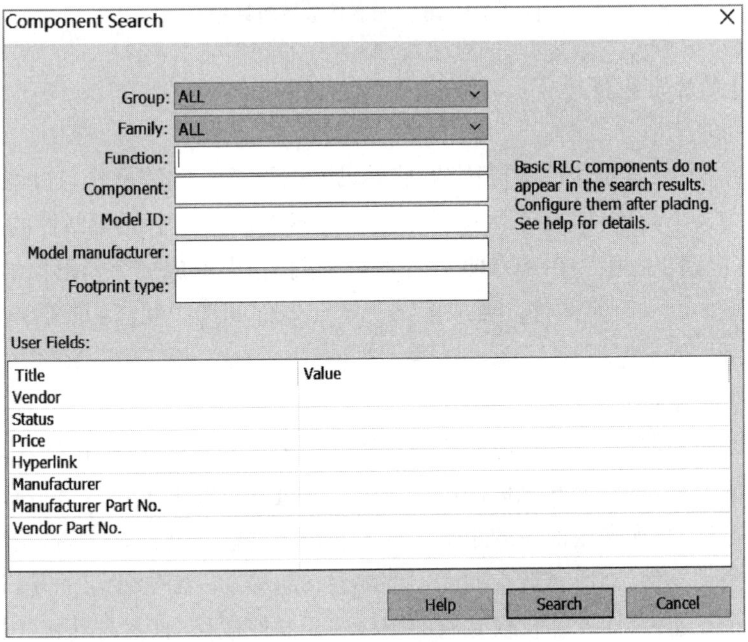

图 4.3.6　"Component Search"对话框

值得注意的是,Multisim 14.0 为虚拟元器件提供了独特的概念。虚拟元器件不是实际元器件,也就是说,在市场上买不到,也没有封装。虚拟元器件系列的按钮在浏览窗口"Family"列表框中呈绿色,名称中均加扩展名"_VIRTUAL",在电路窗口中,虚拟元器件的颜色与其他元器件的默认颜色相同。一般仿真时不建议使用。

2) 元器件的放置

从元器件库中选择需要的元器件,它的相关信息也将随之显示;如果选错了元器件系列,可以再重新选取或替换,其相关信息也将随之显示。

选定元器件后,单击"OK"按钮,浏览窗口消失,在电路窗口中,被选择的元器件的影子跟随光标移动,说明元器件处于等待放置的状态。移动光标,元器件将跟随光标移到合适的位置。如果光标移到了工作区的边界,页面会自动滚动。

选好位置后,单击鼠标即可在该位置放下元器件。每个元器件的流水号都由字母和数字组成,字母表示元器件的类型,数字表示元器件被添加的先后顺序。例如,第一个被添加的电源的流水号为"U1",第二个被添加的电源的流水号为"U2",依此类推。如果放置的元器件是由多个部分组成的复合元器件(通常针对集成电路),将会显示一个对话框,从对话框中可以选择具体放置的部分。对话框如图 4.3.7 所示,此时添加的流水号为"U1A",第二个被添加的电源的流水号可以选择"U1B",也可以选择"U2"。

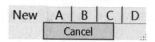

图 4.3.7　复合元器件放置对话框

3) 元器件的选中和移动

(1) 元器件的选中

在连接电路时,要对元器件进行移动、旋转、删除、设置参数等操作,这就需要先选中该元器件。要选中某个元器件,可使用鼠标单击该元器件。被选中的元器件的四周会出现 4 个黑色小方块(电路工作区为白底),便于识别。用鼠标拖曳形成一个矩形区域,可以同时选中在该矩形区域内的一组元器件。要取消某一个元器件的选中状态,只需单击电路工作区的空白部分即可。

(2) 元器件的移动

要想移动某一元器件,只需在电路图中用鼠标选中该元器件(按住鼠标左键不松手),将其拖动到合适的位置,然后松开鼠标即可。也可以通过键盘的上下左右键进行微小的移动。要移动一组元器件,必须先用前述的矩形区域方法选中这些元器件。之后,用鼠标左键拖曳其中的任意一个元器件,则所有选中的元器件都会一起移动。需要注意的是,移动元器件时一定要选中整个元器件,而并非仅仅是它的图标。元器件被移动后,与其相连接的导线会自动重新排列。

4) 元器件的复制、粘贴、剪切、删除、替换

对选中的元器件能够进行复制、粘贴、剪切、删除等操作,可以单击鼠标右键,选择弹出的快捷菜单命令,或者在"Edit"菜单中选择"Copy"(复制)、"Paste"(粘贴)、"Cut"(剪切)、"Delete"(删除)等菜单命令。也可利用键盘实现相关功能。例如,用"Delete"键实现删除操作,用快捷键"Ctrl+C"实现复制操作,用快捷键"Ctrl+V"实现粘贴操作,用快捷键"Ctrl+X"实现剪切操作。

选中需要替换的元器件,双击元器件,或选择菜单中"Edit"选项下的"Properties"命令("Ctrl+M"快捷键),出现元器件属性对话框,如图 4.3.8 所示。使用窗口左下方的"Replace"按钮即可很容易地替换已经放好的元器件。

单击"Replace"按钮后,出现元器件库浏览窗口,在浏览窗口中选择一个新的元器件,单击"OK"按钮,新的元器件将代替原来的元器件。

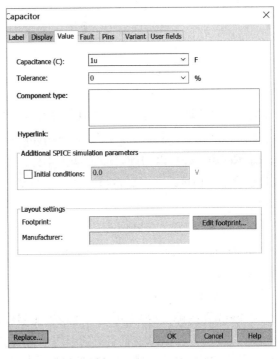

图 4.3.8　电容属性对话框

5) 元器件的旋转与翻转

对元器件进行旋转或翻转操作,需要先选中该元器件,然后单击鼠标右键或者"Edit"菜单,接着选择"Flip horizontal"(将所选择的元器件左右翻转)、"Flip vertical"(将所选择的元器件上下翻转)、"Rotate 90°clockwise"(将所选择的元器件顺时针旋转 90°)、"Rotate 90° counter clockwise"(将所选择的元器件逆时针旋转 90°)等菜单命令。也可使用"Ctrl+"快捷键实现旋转操作。"Ctrl"键的使用方法标在菜单命令的旁边。

6) 元器件的颜色

元器件的颜色和电路窗口的背景颜色通过菜单命令"Options"选项中"Sheet properties"的"Color"对话框进行设置。用户在"Color scheme"选项中选择下拉列表框中的"Custom"选项,即可实现电路中各颜色的设置,如图 4.3.2 所示。

7) 元器件的属性

电路中的元器件,可以对标签、编号、数值、模型参数进行设置。双击该元器件,或选择菜单命令"Edit"选项中的"Properties",会弹出元器件特性对话框。

元器件特性对话框中有多个选项卡可供设置,包括"Label"(标识)、"Display"(显示)、"Value"(数值)、"Fault"(故障)、"Pins"(引脚端)、"User fields"(用户域)等。对于不同的元器件,标签中的具体内容可能不同。例如,电阻属性对话框如图 4.3.9 所示。以电阻为例,简单介绍元器件的属性对话框。

(1)"Label"(标识)

"Label"(标识)选项卡用于设置元器件的 RefDes(编号)和 Label(标识)。编号由系统自动分配,用户也可以进行修改,但必须保证编号的唯一性。如图 4.3.9 所示。

(2)"Value"(数值)

"Value"(数值)选项卡用于设置元器件的电气参数。对于不同的元器件,该选项卡内可设置的内容不同。例如,电阻的"Value"选项卡中可设置电阻值(Resistance),以 Ω(欧姆)为基本单位。此外,还可设置电阻误差(Tolerance)、元器件型号(Component type)、超链接(Hyperlink)、附加的 SPICE 仿真参数(Additional SPICE simulation parameters)、布线设置(Layout settings)等。如图 4.3.10 所示。

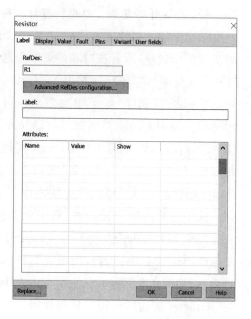

图 4.3.9　电阻属性"Label"对话框

(3)"Fault"(故障)

"Fault"(故障)选项卡可供人为设置元器件的隐含故障。例如,在三极管的"Fault"选项卡中,E、B、C 为与故障设置有关的引脚号,该选项卡提供"Leakage"(漏电)、"Short"(短路)、"Open"(开路)、"None"(无故障)等设置。如果选择了"Open"(开路)设置,那么图中设置引脚 E 和引脚 B 为 Open(开路)状态,尽管该三极管仍连接在电路中,但实际上隐含了开路的故障。如图 4.3.11 所示。

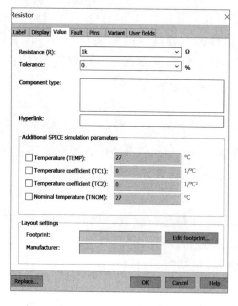

图 4.3.10　电阻属性"Value"对话框

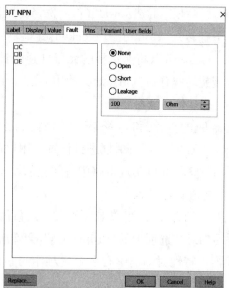

图 4.3.11　三极管属性"Fault"对话框

4.3.3　电路的连接

将元器件在电路窗口中放置好以后，就需要用线将它们连接起来。所有的元器件都有引脚，可以选择自动连线或手动连线，通过引脚用连线将元器件或仪器仪表连接起来。自动连线是 Multisim 14.0 的一项特殊的功能，也就是说，Multisim 14.0 能够自动找到避免穿过其他元器件或覆盖其他连线的合适路径。

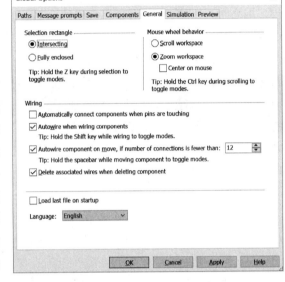

在两个元器件之间自动连线，把光标放在第一个元器件的引脚上（此时光标变成一个"＋"符号），单击鼠标，移动鼠标，就会出现一根连线随光标移动；在第二个元器件的引脚上单击鼠标，Multisim 14.0 将自动完成连接，自动放置导线，而且自动连成合适的形状（此时必须保证"Global Options"对话框中"General"选项卡中的"Autowire when wiring components"复选框被选中）。如图 4.3.12 所示。

图 4.3.12　"Global Options"对话框设置

值得注意的是：①如果连线失败，可能是元器件离得太近，稍微移动一下位置，或用手动连线即可；②若想在某一时刻终止连线，按下"Esc"键即可；③当被连接的两个元器件中间有其他元器件时，连线将自动跨过中间的元器件，如果在拖动鼠标的同时按住"Shift"键，则连线将穿过中间的元器件。

1）导线的删除与移动

（1）删除导线

用鼠标单击一根导线，使之处于选中状态（导线上出现方形标示点），然后按键盘上的"Delete"（删除）键删除此根连线，或在连线上单击鼠标右键，再从弹出的菜单中选择"Delete"选项。

（2）移动导线

移动或者改变已经画好的连线的路径：选中连线，在线上会出现一些拖动点；把光标放在任一点上，按住鼠标左键拖动此点，即可以更改连线路径，或者在连线上移动鼠标箭头，当它变成双箭头时按住左键并拖动，也可以改变连线的路径。用户可以添加或移走拖动点以便更自由地控制导线的路径：按"Ctrl"键，同时单击想要添加或去掉的拖动点的位置。

2）导线颜色的设置

要改变各导线的颜色，用鼠标指向该导线，单击右键，在出现的快捷菜单中选择"Net Color"菜单命令，打开颜色选择框，然后选择合适的颜色即可。改变已设置好的连线颜色，可以在连线上单击鼠标右键，然后在弹出的菜单中选择"Net Color"命令，从调色上选择颜色,再单击"OK"按钮。只改变当前电路的颜色配置(包括连线颜色),在电路窗口单击鼠标右键,可以在弹出的菜单中更改颜色配置。

3) 导线的网络名称设置

在 Multisim 中,"Net"译为网络,用于描述电路图中引脚之间的导线。为导线命名有利于使电路图更具有可读性,并易于在电路分析时发现信号的走向。在 Multisim 的电路图中创建网络时,软件会自动用数字为导线命名,在一个电路图中,每一条导线都有一个独一无二的名称。

电路中也可以自定义网络名称,双击需要命名的导线,弹出"Net Properties"(网络属性)对话框,选择"Net name"选项卡,如图 4.3.13 所示。当前使用的网络名称和命名来源显示在选项卡中,在"Preferred net name"文本框里输入自定义网络名称,单击"OK"按钮,即可为选定导线指定新的网络名称。复选框"Show net name(when net-specific settings are enabled)"用于设置是否在电路图中显示网络名称。"Net Color"用于修改导线的颜色。

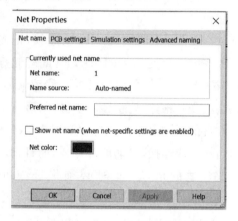

图 4.3.13 "Net name"对话框选项

4) 导线手动添加节点

连接点(Junction)也叫节点,在电路中是导线交叉处的一个小圆点,可以实现交叉点导线的电连通。根据电路图绘制规范,在多条导线交叉时,有交叉相连和交叉不相连两种方式。只有交叉处有连接点的,这些导线才是连通的;没有连接点的,即使位置上看起来线路交叉,也是不连通的。当两条线连接起来的时候,Multisim 14.0 会自动地在连接处增加一个节点,以区分导线交叉的情况。

选择菜单命令"Place"选项中的"Junction"选项,鼠标箭头的变化表明准备添加一个节点;也可以通过单击鼠标右键,在弹出的菜单中选择"Place on schematic"选项中的"Junction"命令。然后单击连线上想要放置节点的位置,在该位置出现一个节点。

4.3.4 打印电路

Multisim 14.0 允许用户控制打印是彩色输出还是黑白输出;是否有打印边框;打印的时候是否包括背景;设置电路图比例,使之适合打印输出。选择菜单命令中"File"选项中"Print options"下的"Print sheet setup"命令,为电路设置打印环境。打印电路设置对话框如图 4.3.14

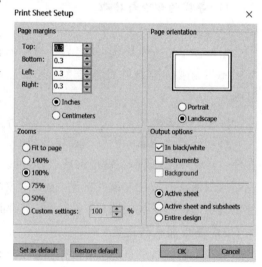

图 4.3.14 打印电路设置对话框

所示。

选择菜单命令"File"选项中"Print options"下的"Print Instruments"命令,可以选中当前窗口中的仪表并打印出来,打印输出结果为仪表面板。电路运行后,打印输出的仪表面板将显示仿真结果。

选择菜单命令"File"选项中的"Print"选项,为打印设置具体的环境。要想预览打印文件,可选择菜单命令"File"选项中的"Print Preview"选项,电路出现在预览窗口中,在预览窗口中可以随意缩放,逐页翻看,或发送给打印机。

4.3.5　电路仿真

1)　Multisim 14.0 虚拟仪器仿真

在连接完成的电路中,选择添加所需的虚拟仪器,将虚拟仪器在电路中正确连接,仿真运行即可实现电路的仿真功能,用户可以在虚拟仪器上观察实验现象。各仪器的参数设置详见 4.4 节。

2)　Multisim 14.0 电路分析

在针对电路全面特性分析方面,需要使用 Multisim 14.0 强大的分析功能。具体分析功能的介绍详见 4.5 节。

4.4　Multisim 14.0 虚拟仪器的使用

Multisim 14.0 中提供许多虚拟仪器,与仿真电路同处在一个桌面上。用虚拟仪器来测量仿真电路中的各种电参数和电性能,就像在实验室使用真实仪器测量真实电路一样。用虚拟仪器检验和测试电路是一种最简单、最有效的途径,能起到事半功倍的作用。虚拟仪器不仅能测试电路参数和性能,而且可以对测试的数据进行分析、打印和保存等。

虚拟仪器在仪器栏中以图标方式显示,而在工作桌面上又有另外两种显示:一种形式是仪器接线符号,仪器接线符号是仪器连接到电路中的桥梁;另一种形式是仪器面板,仪器面板上能显示测量结果。为了更好地显示测量信息,可对仪器面板上的量程、坐标、显示特性等进行交互式设定。

4.4.1　虚拟仪器使用简介

1)　虚拟仪器的选择

仪器栏中包含以下仪器:万用表、函数信号发生器、瓦特表、双踪示波器、四通道示波器、波特图示仪、频率计、字信号发生器、逻辑转换仪、逻辑分析仪、电流/电压分析仪、失真度分析仪、频谱分析仪、网络分析仪、Agilent 函数发生器、Agilent 万用表、Agilent 示波器、Tektronix 示波器、LabVIEW 自定义仪器。值得注意的是,Multisim 14.0 的测试探针并没有放在仪器栏中,而是单独列于菜单栏下方的工具栏中。

仪器仪表的放置方法类似于元器件的拖放。在仪器仪表库栏中,用鼠标单击选中所需的仪器仪表图标,然后在电路工作区合适的位置单击,即可将仪器仪表图标放入电路图中。

2) 虚拟仪器的操作

（1）虚拟仪器的连接

将仪器仪表图标上的连接端（接线柱）与相应电路的连接点相连,连线的方法类似于元器件。

（2）虚拟仪器的参数设置

双击电路图中的仪器仪表图标,即可打开仪器仪表面板。可以用鼠标操作仪器仪表面板上的相应按钮、旋钮,通过对话框设置仪器仪表参数,如同实际仪器一样。在测量或观察过程中,可以根据测量或观察结果来改变仪器仪表参数的设置。

（3）虚拟仪器的仿真

将虚拟仪器在电路中进行正确连接,选择菜单命令中"Simulate"选项中的"Analyses and simulation"选项,在"Interactive Simulation"选项中运行（Run）,即可实现电路的仿真功能,或在设计工具栏中选择 ⚡Interactive 快捷键打开"Analyses and simulation"选项。

电路进入仿真时,与仪器相连的那个点上的电路特性和参数就被显示出来了。暂停仿真:单击仿真暂停按钮,便暂停仿真。停止仿真:可以单击停止仿真按钮,便使得仿真停止。在电路被仿真的同时,可以改变电路中元器件的标值,也可以调整仪器参数设置等,但在有些情况下必须停止仿真再重新启动,否则显示的一直是改变前的仿真结果。

4.4.2　数字万用表(Multimeter)

Multisim 14.0 提供的万用表外观和操作与实际的万用表相似,可以选择项目,面板中由 4 个按键来控制,分别测量电流(A)、电压(V)、电阻(Ω)和分贝值(dB),其中,除了测量电流是表笔与电路串联,其余测量均需要表笔和电路并联;也可以选择信号模式,面板中由 2 个按键来控制,如测直流或交流信号。万用表有正极和负极两个引线端。用鼠标双击电路中万用表图标,可显示万用表的面板。万用表的图标和面板如图 4.4.1 所示。

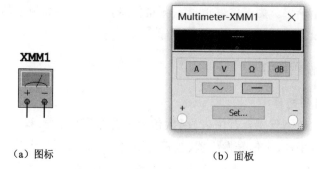

(a) 图标　　　　　　　(b) 面板

图 4.4.1　数字万用表的图标和面板

用鼠标单击数字万用表面板上的"Set"（设置）按钮,弹出如图 4.4.2 所示数字万用表参数设置对话框。用户可以设置数字万用表的电流表内阻（Ammeter resistance）、电压表内阻

（Voltmeter resistance）、欧姆表电流（Ohmmeter current）、分贝相对值（dB relative value）及测量范围（overrange）等参数。

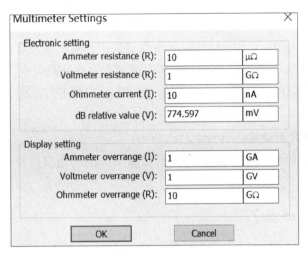

图 4.4.2　数字万用表参数设置对话框

4.4.3　函数信号发生器（Function Generator）

函数信号发生器可以产生正弦波、三角波和矩形波三种不同的信号，波形、频率、幅值、占空比、直流偏置电压可以随时更改。信号发生器产生的频率可以从一般音频信号频率到无线电波信号频率。若信号以地作为参照点，则将公用接线柱接地。正接线柱提供的波形是正信号，负接线柱提供的波形是负信号。用鼠标双击电路图中的函数信号发生器图标，可以显示函数信号发生器的面板。函数信号发生器的图标和面板如图 4.4.3 所示。

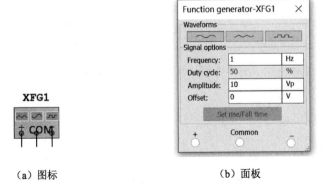

（a）图标　　　　　　　　　　　（b）面板

图 4.4.3　函数信号发生器的图标和面板

1）波形选择

可以选择 3 种波形作为输出，即正弦波、三角波和方波。需要输出某种波形，就用鼠标单击相应的按钮即可。

2） 信号设置

（1）Frequency(频率)(1 fHz～999 THz)：设置信号发生器频率。

（2）Duty cycle(占空比)(1%～99%)：设置脉冲保持时间与间歇时间之比。

（3）Amplitude(幅值)(0～999 kV)：设置信号发生器输出信号幅值的大小。

（4）Offset(直流偏移量)：设置信号发生器输出直流成分的大小。若设置为正值,则信号波形在 X 轴上方移动；若设置为负值,则信号波形在 X 轴下方移动。此时,示波器输入耦合必须设置为"DC"。

3） 上升和下降时间设置(Set rise / fall time)

方波上升和下降时间设置(或称波形上升沿和下降沿的角度),输出波形设置成方波才起作用。

4.4.4 瓦特表(Wattmeter)

瓦特表通常用来测量电路的交流、直流功率,也称为功率计,功率的大小是流过电路的电流和电压差的乘积,量纲为瓦特。所以,瓦特表有 4 个引线端：电压(Voltage)正极和负极、电流(Current)正极和负极。瓦特表中有两组端子,左边两个端子为电压输入端子,与所要测试的电路并联；右边两个端子为电流输入端子,与所要测试的电路串联。瓦特表也能测量功率因数(Power factor)。功率因数是电压和电流相位差角的余弦值。用鼠标双击电路图中瓦特表的图标,可以显示瓦特表的面板。瓦特表的图标和面板如图 4.4.4 所示。

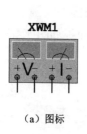

（a）图标

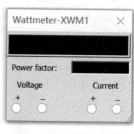

（b）面板

图 4.4.4　瓦特表的图标和面板

4.4.5 双踪示波器(Oscilloscope)

Multisim 提供的双踪示波器与实际的示波器在外观和基本操作上基本相同,可以观察一路或两路信号波形的形状,分析被测周期信号的幅值和频率,时间基准可在秒直至纳秒范围内调节。双踪示波器的图标有 4 种连接端子：A 通道输入、B 通道输入、外触发端 T 和接地端 G。用鼠标双击电路图中双踪示波器的图标,可以显示其面板。双踪示波器的图标和面板如图4.4.5所示。

双踪示波器的控制面板的设置包含 4 个部分：

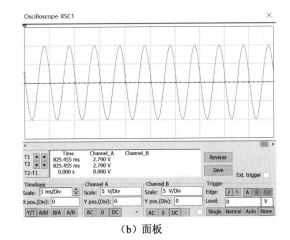

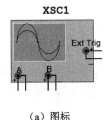

（a）图标　　　　　　　　　　　　　　　（b）面板

图 4.4.5　双踪示波器的图标和面板

1）Timebase（时间基准）

时间基准用于设置扫描时间及信号显示方式。

(1) Scale（量程）设置：用于设置显示波形时的 X 轴时间基准。

(2) X position（X 轴位置）：用于设置 X 轴的起始位置。当 X 的位置调到 0 时，波形从显示器的左边沿开始，正值使起始点右移，负值使起始点左移。X 位置的调节范围为 $-5.00 \sim +5.00$，即可从左移 5 个分格变化到右移 5 个分格。

(3) 显示方式：设置有 4 种，即"Y/T"（幅度/时间）、"Add"（相加）、"B/A"（B 通道/A 通道）和"A/B"（A 通道/B 通道）方式。

2）通道设置

Channel A（通道 A）和 Channel B（通道 B）为双踪示波器的两个观察通道，其设置方法相同。

(1) Scale（量程）：用于通道 A/B 的 Y 轴电压刻度设置。如果示波器显示处在 A/B 或 B/A 模式时，它也控制 X 轴向的灵敏度。若要在示波器上得到合适的波形显示，信号通道必须做适当调整。

(2) Y position（Y 轴位置）：用于设置 Y 轴的起始点位置。如果将 Y 轴位置增加正值时，Y 轴原点位置从 X 轴向上偏移相应电压；若将 Y 轴位置增加负值时，Y 轴原点位置从 X 轴向下偏移相应电压。Y 轴位置的调节范围为 $-3.00 \sim +3.00$。

(3) 触发耦合方式：AC（交流耦合）、0（0 耦合）或 DC（直流耦合）。

3）Trigger（触发）

触发方式主要用来设置 X 轴的触发信号、触发电平及边沿等。

(1) 触发方式的设置包含 3 种：Edge（边沿）、Level（电平）和触发源设置。

Edge（边沿）：设置被测信号开始的边沿，设置先显示上升沿或下降沿。

Level（电平）：设置触发信号的电平，使触发信号在某一电平时启动扫描。

触发源：通道 A、通道 B 或 Ext trig(外触发)。

(2) 触发信号的选择包含 4 种：Single(单脉冲触发)、Normal(一般脉冲触发)、Auto(自动)和 None(无触发)。

4) 显示设置

(1) 背景切换：单击"Reverse"按钮,原来的黑色背景变为白色,但是切换时须处于仿真状态。

(2) 游标的使用：鼠标将垂直游标拖到需要读取数据的位置,光标与波形垂直相交点处的时间和电压值以及两光标位置之间的时间、电压的差值将显示在屏幕下方的方框内。值得注意的是,如果鼠标拖动时误差较大,可以通过鼠标右键选择"SET"使游标到达精确位置。

(3) 数据存储：单击"Save"按钮,则把仿真数据保存起来。保存方式包含 3 种：*.SCP 的文件形式、*.Ivm 的文件形式和 *.tdm 的文件形式。

4.4.6 四通道示波器(4 Channel Oscilloscope)

四通道示波器与双踪示波器的使用方法和参数调整方式完全一样,只是多了一个通道控制器旋钮,当旋钮拨到某个通道位置,才能对该通道进行一系列设置和调整。用鼠标双击电路中的四通道示波器图标,可显示四通道示波器的面板图,四通道示波器的图标和面板如图 4.4.6 所示。

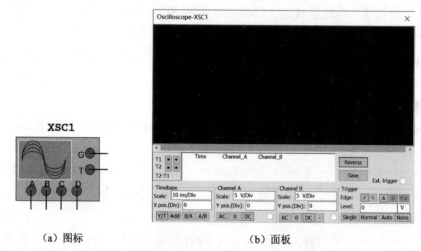

(a) 图标　　　　　　　　　　(b) 面板

图 4.4.6　四通道示波器的图标和面板

4.4.7 波特图示仪(Bode Plotter)

波特图示仪可以用来测量和显示电路的幅频特性(Magnitude)与相频特性(Phase),类似于扫频仪。波特图示仪适合于分析滤波电路或电路的频率特性,特别易于观察截止频率。用鼠标双击电路中的波特图示仪图标,可显示波特图示仪的面板图。波特图示仪的图标和面板如图 4.4.7 所示。波特图示仪有 In 和 Out(图标中显示为大写 IN 和 OUT,为软件自动生成,但叙述中采用首字母大写、其余字母小写形式)两对端口,其中 In 端口的"＋"和"－"分别接电路输入端的正端和负端;Out 端口的"＋"和"－"分别接电路输出端的正端和负端。使用波特图示仪时,必须在电路的输入端接入 AC(交流)信号源。

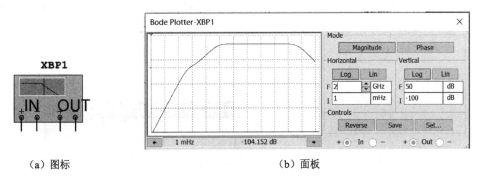

（a）图标　　　　　　　　　　　　（b）面板

图 4.4.7　波特图示仪的图标和面板

1)　模式选择

Magnitude 表示幅频特性测量。幅频特性是指在一定的频带内,两测试点间(如电路输入 V_{in}、电路输出 V_{out} 两测试点)的幅度比率随频率变化的特性,如放大器电压增益在一定频带内并非一致,为了解在一个频带段内放大器各频率点的电压增益,就要对放大器进行电压增益幅频特性的测量。

Phase 表示相频特性测量。相频特性曲线是指在一定的频带段内,两测试点间(如电路输入 V_{in}、电路输出 V_{out} 两测试点)的相位差值,以度表示。

幅频特性和相频特性都是频率(Hz)的函数。

2)　坐标设置

在垂直(Vertical)坐标或水平(Horizontal)坐标控制面板区域内,"Log"表示坐标以对数(底数为 10)的形式显示;"Lin"表示坐标以线性的结果显示。在信号频率范围很宽的电路中,分析电路频率响应时,通常选用对数坐标(以对数为坐标所绘出的频率特性曲线称为波特图)。

水平(Horizontal)坐标标度是频率(1 mHz～1 000 THz):水平坐标轴显示频率值。它的标度由水平轴的初始值(Initial)或终值(Final)决定。

纵(Vertical)坐标是由测量内容决定的。当测量电压增益时,纵坐标轴显示输出电压与输入电压之比。若使用对数基准,则单位是分贝(dB);若使用线性基准,则显示的是比率。当测量相位时,垂直坐标轴以度为单位显示相位差。设置水平轴初始值(I)和最终值(F)时,一定要使 $I < F$。软件不允许 $I > F$ 的情况出现。

3)　读数

同示波器类似,垂直游标使用前一般都在屏幕的左边边沿上。可用鼠标拖动游标指针,使其到达需要测量的点,与该频率相对应增益或是相位的差值将被显示在屏幕的下方。同样,也可以单击鼠标右键直接设置需要的测量点。

值得注意的是,用波特图示仪观察幅频特性/相频特性,需要打开仿真开关。

4.4.8 频率计(Frequency Counter)

频率计主要用于测量信号的频率、周期、相位、脉冲信号的上升沿和下降沿。用鼠标双击电路中的频率计图标,可显示频率计的面板图。频率计的图标和面板如图 4.4.8 所示。

（a）图标

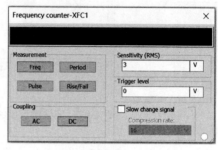

（b）面板

图 4.4.8　频率计的图标和面板

（1）Measurement(测量方式)：Freq(频率)、Pulse(正脉冲或负脉冲的脉冲宽度)、Period(周期)、Rise/Fall(上升和下降时间)。

（2）Coupling(耦合方式)：AC(交流)、DC(交流加直流)。

（3）Sensitivity(灵敏度)：输入电压灵敏度及单位设置。

（4）Trigger level(触发电平)：电平值触发及单位设置。只有输入波形达到触发电平时,才会有读数显示。

使用过程中应注意根据输入信号的幅值调整频率计的和。

4.4.9 字信号发生器(Word Generator)

字信号发生器是一个通用的数字激励源编辑器,可以通过多种方式产生 32 位的二进制数,通常用于数字逻辑电路的测试。用鼠标双击电路中的字信号发生器图标,可显示字信号发生器的面板图。字信号发生器的图标和面板如图 4.4.9 所示。

1）字信号的输入

字信号的显示窗口位于面板的右侧,将光标移动到显示窗口的某一位置,单击鼠标,即可通过键盘的输入填写字信号,光标顺序自左向右、自上向下移位。

在字信号 Display(显示)区可以设置字信号显示格式,包含 Hex(十六进制)、Dec(十进制)、Binary(二进制)和 ASCII(ASCII 码)4 种格式。

2）字信号的输出控制

字信号的输出控制方式有 Step(单步)、Burst(单帧)和 Cycle(循环)3 种。字符串传输到电路中的速度,与 Frequency 频率设置中的 Frequency 值有关。

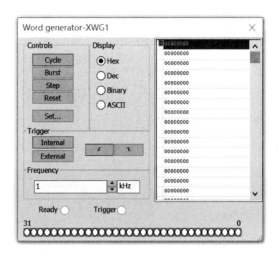

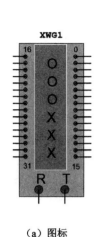

（a）图标　　　　　　　　　　　　　　　　（b）面板

图 4.4.9　字信号发生器的图标和面板

3) 字信号的触发方式

字信号的触发方式包含 Internal(内部)和 External(外部)两种。

4.4.10　逻辑转换仪(Logic Converter)

Multisim 14.0 提供了一种没有和真实仪器箱对应的虚拟仪器——逻辑转换仪。逻辑转换仪可以在逻辑电路、真值表和逻辑表达式之间进行转换。用鼠标双击电路中的逻辑转换仪图标，可显示逻辑转换仪的面板图。逻辑转换仪的图标和面板如图 4.4.10 所示。逻辑转换仪有 8 路信号输入端、1 路信号输出端。

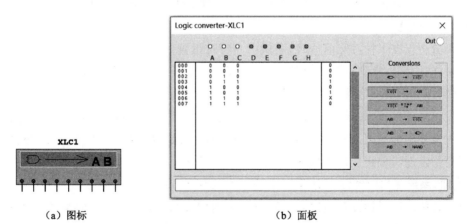

（a）图标　　　　　　　　　　　　　　　　（b）面板

图 4.4.10　逻辑转换仪的图标和面板

逻辑转换仪包含 6 种转换功能：逻辑电路转换为真值表、真值表转换为逻辑表达式、真值表转换为最简逻辑表达式、逻辑表达式转换为真值表、逻辑表达式转换为逻辑电路、逻辑表达式转换为与非门电路。

4.4.11 逻辑分析仪(Logic Analyzer)

逻辑分析仪用于对数字逻辑信号进行高速采集和时序分析,可同时显示 16 个逻辑通道信号。用鼠标双击电路中的逻辑分析仪图标,可显示逻辑分析仪的面板图。逻辑分析仪的图标和面板如图 4.4.11 所示。

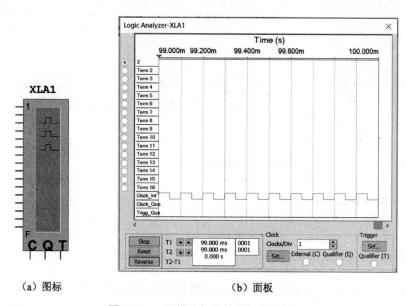

(a) 图标 (b) 面板

图 4.4.11 逻辑分析仪的图标和面板

1) 信号显示控制

信号显示控制包含 Stop(停止)、Reset(复位)和 Reverse(相反)3 种。

2) 时钟设置

逻辑分析仪在采样特殊信号时,需做一些特殊设置。例如,在触发信号到达前,往往对信号先采样并存储,直到有触发信号来为止。有触发信号以后,再开始采样触发后信号的数据,这样可以分析触发信号前后的信息变化情况。

触发信号到来前,如果采样的信息量已达到并超过设置存储数量,而触发信号没有来,那么以先进先出为原则,由新的数据去替代旧数据,如此周而复始,直到有触发信号为止。根据需要指定逻辑分析仪触发前和触发后的信号采样存储数量,可单击"Clock"选项中的"Set"按钮,系统弹出时钟设置对话框,如图 4.4.12 所示。

逻辑分析仪的时钟设置包含 Clock source(时钟源)、Clock rate(时钟频率)、Pre-trigger samples(触发前取样点)、Post-trigger samples(触发后取样点)和 Threshold voltage(开启电压)5 种。

3) 触发方式

在 Trigger(触发)控制区域中,单击"Set"按钮,系统弹出触发设置对话框,如图 4.4.13

所示。

逻辑分析仪的触发方式包含 Trigger clock edge(触发边沿条件)、Trigger qualifier(触发限制)、Trigger patterns(触发模式)和 Trigger combinations(触发组合)。

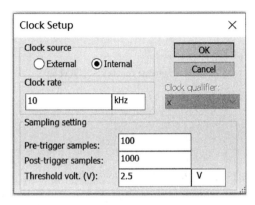

图 4.4.12　时钟设置对话框选项

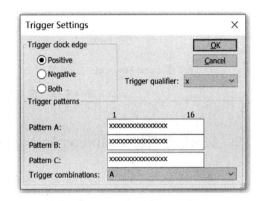

图 4.4.13　触发设置对话框选项

4.4.12　IV 分析仪(IV Analyzer)

IV 分析仪相当于实验室的晶体管图示仪,又称伏安特性图示仪,专门用来分析晶体管的伏安特性曲线,如二极管、NPN 管、PNP 管、NMOS 管、PMOS 管等器件。IV 分析仪需要将晶体管与连接电路完全断开,才能进行 IV 分析仪的连接和测试。用鼠标双击电路中的 IV 分析仪图标,可显示 IV 分析仪的面板图。IV 分析仪的图标和面板如图 4.4.14 所示。

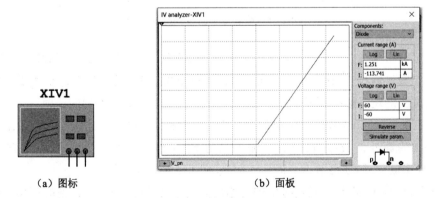

(a)图标　　　　　　　　　　　(b)面板

图 4.4.14　IV 分析仪的图标和面板

从 IV 分析仪操作面板右边的 Components 器件下拉菜单中选择要测试的器件类别,同时在面板右下方有一个显示该类别器件的电路接线符号。根据不同的元器件接线符号进行电路连接。选择"Simulate Parameters"仿真参数按钮,系统弹出仿真参数设置对话框选项,如图 4.4.15 所示。根据要求选择相应的参数范围。

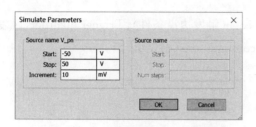

（a）二极管"Simulate Parameters"仿真设置

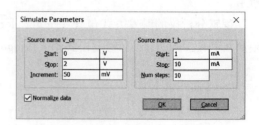

（b）BJT "Simulate Parameters"仿真设置

图4.4.15　仿真参数设置对话框选项

4.4.13　失真度分析仪(Distortion Analyzer)

失真度分析仪用来测量电路的总谐波失真和信噪比,失真度分析仪测量的频率范围为20 Hz～100 kHz。用鼠标双击电路中的失真度分析仪图标,可显示失真度分析仪的面板图。失真度分析仪的图标和面板如图4.4.16所示。

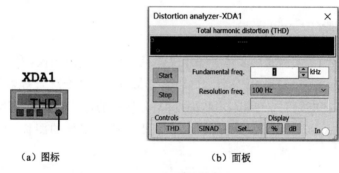

（a）图标　　　　　　　　　　（b）面板

图4.4.16　失真度分析仪的图标和面板

失真度分析仪包含 Total harmonic distortion(THD,总谐波失真)、SINAD(信噪比)和Settings(参数设置)。首先要设定其属性,即选择测试电路总谐波失真还是测试信噪比。由于总谐波失真的定义标准有所不同,因此还必须选择定义 THD 类型的选项。

(1) Total harmonic distortion(THD,总谐波失真):是指信号源输入时,输出信号比输入信号多出的额外谐波成分。比如,输入信号频率 1 kHz,但输出信号除了有输入信号1 kHz的频率成分外,还可能有 2 kHz、3 kHz、4 kHz 等谐波成分。

(2) SINAD(信噪比):是信号中的有用成分与杂音的强弱对比,设备的信噪比越高表明它产生的杂音越少,常用 dB 值表示。

(3) Settings(参数设置)

THD definition:指谐波失真的定义标准有两种选项,即 IEEE 和 ANSI/IEC。选择 ANSI/IEC 时,仅对总谐波失真计算有用;选择 IEEE 与选择 ANSI/IEC 对 THD 计算略有不同。

Harmonic num:谐波次数设定。

FFT points:电路进行 FFT 分析变换的点数设定。

4.4.14　频谱分析仪(Spectrum Analyzer)

频谱分析仪用于分析信号的频域特性,测量某信号中所包含的频率与频率相对应的幅度值,并可通过扫描一定范围内的频率来测量电路中谐波信号的成分。同时,它还可以用来测量不同频率信号的功率。其频率范围的上限为 4 GHz。用鼠标双击电路中的频谱分析仪图标,可显示频谱分析仪的面板图。频谱分析仪的图标和面板如图 4.4.17 所示。

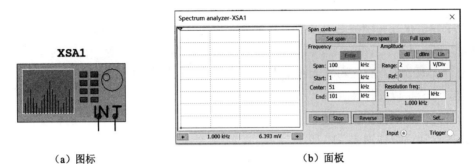

(a) 图标　　　　　　　　　　　　　　　　(b) 面板

图 4.4.17　频谱分析仪的图标和面板

频谱分析仪包含 Span control(工作范围控制)、Frequency(频率设置)、Amplitude(幅度设置)、Resolution frequency(频率分辨率)和控制设置。

(1) Span control(工作范围控制)

它为频谱分析仪的仿真工作频率范围设定区。

Set span 表示仿真频率范围按 Frequency 区设定的进行仿真分析。

Zero span 表示按 Frequency 区设定的 Center 单一频率进行仿真分析。

Full span 表示仿真频率范围设定为该频谱分析仪的整个频率范围,即 1 kHz～4 GHz。

(2) Frequency(水平坐标轴频率设置)

① "Set span"选项,Span 表示测试频率的间隔,span＝end－start。

Start 表示测试开始的频率,start＝center－span/2。

Center 表示测试中间的频率,center＝(start＋end)/2。

End 表示测试终止的频率,end＝center＋span/2。

若已知 Span 和 Center,并在相应的框内输入这两个频率值,单击"Enter"键,Start 和 End 会自动填入,反之亦然。

② Zero span 按钮,只要设置 Center 单一频率。

③ Full span 按钮,不做任何设置。

(3) Amplitude(垂直坐标轴幅度设置)

刻度采用 dB、dBm、Lin。包含 Range 和 Ref:"Range"框用于设定每格代表多少分贝,"Ref"框用于设定基准值。

(4) Resolution frequency(频率分辨率)

用于设定频率分辨的最小谱线间隔,简称频率分辨率,设置时最好使读到的频率点是信号频率的整数倍。

(5) 控制设置

包括 5 个按钮:Start(开始分析)、Stop(停止分析)、Reverse(取反)、Show-refer(显示参考标准值)和 Set(触发方式)。

4.4.15　网络分析仪(Network Analyzer)

网络分析仪是用来测量电路散射参数(Scattering 或简称 S-parameters)的仪器,一般用于测量双端口网络的特性,如衰减器、放大器、混频器、功率分配器等。仿真时网络分析仪会自动进行交流分析。首先对输入端口做交流分析以便计算前项 S_{11} 和 S_{21} 参数,然后对输出端口做交流分析以便计算反相 S_{22} 和 S_{12} 参数,基于这些参数,利用网络分析仪可以做更进一步的分析。用鼠标双击电路中的网络分析仪图标,可显示网络分析仪的面板图。网络分析仪的图标和面板如图 4.4.18 所示。

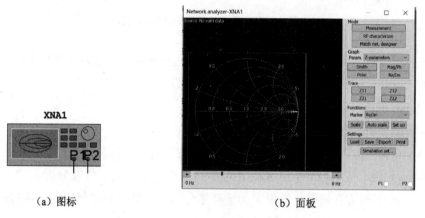

（a）图标　　　　　　　　　　　（b）面板

图 4.4.18　网络分析仪的图标和面板

网络分析仪包含 Mode(模式分析)、Graph(图形设置)、Trace(参数显示)、Marker(显示模式)和 Settings(数据设置)5 种。

(1) Mode(模式分析)用于提供分析模式,包含 Measurement(测量模式)、RF characterizer(射频特性分析)和 Match net designer(电路设计模式)。

(2) Graph(图形设置)用于选择要分析的参数及模式,可选择的参数有 S 参数、H 参数、Y 参数、Z 参数等。模式选择有 Smith(史密斯模式)、Mag/Ph(增益/相位频率响应,波特图)、Polar(极化图)、Re/Im(实部/虚部)。

(3) Trace(参数显示)用于选择需要显示的参数。

(4) Marker(显示模式)用于提供数据显示窗口的三种显示模式:Re/Im(直角坐标模式)、Mag/Ph(Degs)(极坐标模式)和 dB Mag/Ph(Deg)(分贝极坐标模式)。

(5) Settings(数据设置)用于提供数据管理,Load 表示读取专用格式数据文件;Save 表示存储专用格式数据文件；Export 表示输出数据至文本文件；Print 表示打印数据。Simulation set 用于设置不同分析模式下的参数。

4.4.16　模拟 Agilent 真实仪器

模拟 Agilent 真实仪器有三种：Agilent 33120A 型函数信号发生器、Agilent 34401A 型数字万用表、Agilent 54622D 型数字示波器。这三种仪器的面板及按钮、旋钮操作方式与真实仪器完全相同，使用起来更加真实。具体操作介绍在此不做赘述。

4.4.17　测量探针(Probe)

Multisim 14.0 的版本中测试探针并没有显示在虚拟仪器工具栏中，用户可以通过菜单命令中"Place"选项中的"Probe"来进行放置，或通过测试探针工具栏快捷调出测量探针。然后，在电路中单击被测量点的导线节点，可将测量探针放置到电路中的测量点上。在处于电路仿真状态时，测量探针的旁边显示黄色注释标签，用于显示该点的电压、电流和频率的相关参数。测量探针包含电压探针、电流探针、功率探针、差分探针、电压参考探针、电压/电流探针和数字探针，用户可根据需要选择合适的探针放置。

4.5　Multisim 14.0 基本分析方法

当电路设计完成之后，需要解决电路的性能是否满足设计要求。虽然一些虚拟仪器能完成电压、电流、波形和频率等的测量，但在反映电路的全面特性方面却存在一定的局限性。为此，Multisim 14.0 提供了强大的仿真分析功能，不仅可以完成电压、电流、波形和频率等的测量，而且能够完成电路动态特性和参数的全面描述。

选择菜单命令中"Simulate"选项中的"Analyses and simulation"选项，系统弹出"Analyses and simulation"对话框，如图 4.5.1 所示。用户也可以在设计工具栏中选择 ⌀Interactive 快捷键打开。

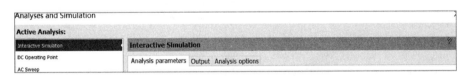

图 4.5.1　"Analyses and Simulation"对话框

Multisim 14.0 提供了 20 种仿真分析：Interactive Simulation（交互式仿真）、DC Operating Point（直流工作点分析）、AC Analysis（交流分析）、Transient（瞬态分析）、DC Sweep（直流扫描分析）、Single Frequency AC（单一频率交流分析）、Parameter Sweep（参数扫描分析）、Noise（噪声分析）、Monte Carlo（蒙特卡罗分析）、Fourier（傅里叶分析）、Temperature Sweep（温度扫描分析）、Distortion（失真分析）、Sensitivity（灵敏度分析）、

Worst Case(最坏情况分析)、Noise Figure (噪声系数分析)、Pole Zero(极点一零点分析)、Transfer Function(传递函数分析)、Trace Width (线宽分析)、Batched (批处理分析)、User Defined (用户自定义分析)。

4.5.1 Interactive Simulation(交互式仿真)

选择 Interactive Simulation(交互式仿真)选项后,系统显示如图 4.5.1 的对话框选项,其中包含 Analysis parameters(分析参数)、Output(输出)和 Analysis options(分析设置)3 项内容。

Analysis parameters(分析参数):用于为所选分析设置相关参数。例如,设置起始和终止的时间、最大时间步长和起始时间步长等。

Output(输出):输出显示设置。

Analysis options(分析设置):用于为仿真分析选择模型,Multisim 14.0 默认设置 SPICE 模型,有特殊需要时用户也可通过选项卡自行设置。

4.5.2 DC Operating Point(直流工作点分析)

直流工作点分析主要用于静态工作点分析。选择 DC Operating Point(直流工作点分析)选项后,系统显示如图 4.5.2 的对话框选项,其中包含 Output(输出)、Analysis options(分析设置)和 Summary(概要)3 项内容。

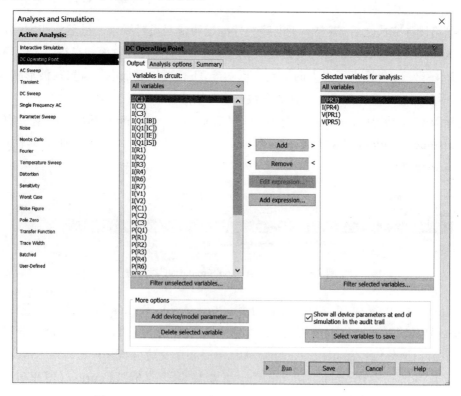

图 4.5.2 DC Operating Point(直流工作点分析)对话框

在仿真分析时,电路中电容视为开路,电感视为短路时,不加入交流信号,计算电路的直流工作点,即在恒定激励条件下求电路的稳态值。

直流工作点分析的设置非常简单,只需在 Output(输出)选项卡,左边 Variables in circuit 栏内列出电路中各节点电压变量和流过电源的电流变量。右边 Selected variables for analysis 栏用于存放需要分析的节点。

具体做法是先在左边 Variables in circuit 栏内选中需要分析的变量(可以通过鼠标拖拉进行全选),再单击"Add" 按钮,相应变量则会出现在 Selected variables for analysis 栏中。若 Selected variables for analysis 栏中的某个变量不需要分析,则先选中它,然后点击"Remove"按钮,该变量将会回到左边 Variables in circuit 栏中。完成相关分析设置后,单击"Run"按钮即可进行仿真分析,分析结果由图形显示窗口(Grapher View)显示,如图 4.5.3 所示。

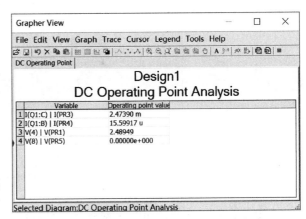

图 4.5.3　Grapher View 图形显示窗口

值得注意的是,分析的节点号根据电路图连线而来,因此不同的电路中相同的测试点,其分析的节点号并不相同。用户可以查看导线上的网络标号,若标号隐藏,则可以通过属性修改进行显示,详见 4.3.1 中页面的属性设置。

图形显示窗口是一个多功能显示工具,不仅能显示分析结果,而且能修改、保存分析结果,同时还可将分析结果输出转换到其他数据处理软件中。在图形显示窗口中,有 4 个菜单和相关的工具栏。其中,部分命令与一般的 Windows 系统相同,此处不再赘述,另有几个常用且具有特殊功能的命令详见如下说明。

选定的坐标区域显示/隐藏栅格线。

显示/隐藏图例。

显示两个可移动的游标并打开说明窗口。

从已有的仿真结果添加轨迹到该图形。

导出为 Excel 文件。

窗口处鼠标右键选择 Properties,系统弹出 Graph Properties 对话框选项,如图 4.5.4 所示。在对话框中可以设置窗口中的标题、坐标轴、曲线的线宽、颜色、字体和字号等属性。

当系统自动选中的电路变量不能满足用户要求时,用户可通过"Output"选项卡中的其他选项添加或删除需要的变量。Output(输出)选项设置说明如下。

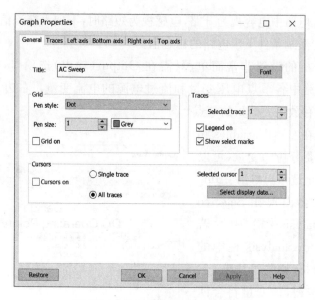

图 4.5.4　**Graph Properties 对话框**

Filter unselected variables：对程序没有自动选中的其他变量进行筛选并显示在左侧备选栏中。

Add device/model parameter：在左侧备选栏中添加某个元器件或模型的参数。

Delete selected variable：删除通过 Add device/model parameter 已添加到备选栏中不再需要的变量。

Add expression：对通过 Filter unselected Variables 已选中的变量进行筛选并显示在右侧分析栏中。

Filter selected variables：添加运算表达式。

4.5.3　AC Sweep(交流分析)

交流分析是在正弦小信号工作条件下的一种频域分析。它计算电路的幅频特性和相频特性,是一种线性分析方法。选择 AC Sweep(交流分析)选项后,系统显示如图 4.5.5 的对话框选项,其中包含 Frequency parameters(频率参数)、Output(输出)、Analysis options(分析设置)和 Summary(概要)4 项内容。

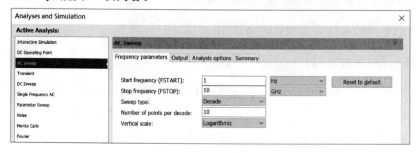

图 4.5.5　**AC Analysis(交流分析)对话框**

　　在进行交流分析时,电路中的直流源将自动置零,交流信号源、电容、电感等均处在交流模式,输入信号也设定为正弦波形式。电路工作区中自行设置的输入信号将被忽略。

　　交流分析需要先完成 Frequency parameters(频率参数)选项卡的设置,然后在 Output(输出)选项卡上选定需要分析的节点(节点的选择和设置详见直流工作点分析部分)。单击"Run"按钮后,得到分析结果,图形显示窗口中,上面的曲线是幅频特性,下面的曲线是相频特性,如图 4.5.6 所示。

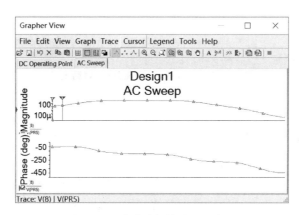

图 4.5.6　交流分析结果显示窗口

　　其中 Frequency parameters(频率参数)选项设置说明如下。

　　Start frequency (FSTART):设置分析扫描的起始频率。

　　Stop frequency (FSTOP):设置分析扫描的终止频率。

　　Sweep type:选择频率扫描方式,其下拉菜单有 3 个选项:Decade(十倍频程扫描)、Octave(八倍频程扫描)和 Linear(线性扫描)。

　　Number of points per decade:设置每频程的取样点数。点数越高仿真精度越高,但仿真速度越慢。

　　Vertical scale:选择纵坐标刻度,其下拉菜单有 4 个选项:Linear(线性)、Logarithmic(对数)、Decibel(分贝)和 Octave(倍频)。其中,对数和分贝刻度较为常用。

　　Reset to default:将所有参数重新设置为默认值。

4.5.4　Transient(瞬态分析)

　　瞬态分析是一种非线性时域分析方法,是在给定输入激励信号时,分析电路输出端的瞬态响应。选择 Transient (瞬态分析)选项后,系统显示如图 4.5.7 的对话框选项,其中包含 Analysis parameters(分析参数)、Output(输出)、Analysis options(分析设置)和 Summary(概要)4 项内容。

　　在进行瞬态分析时,直流电源保持常数,交流信号源随着时间而改变,电容和电感都是能量储存模式元器件。同时只要定义起始时间和终止时间,Multisim 就可以自动调节合理的时间步进值,以兼顾分析精度和计算时需要的时间,也可以自行定义时间步长,以满足一

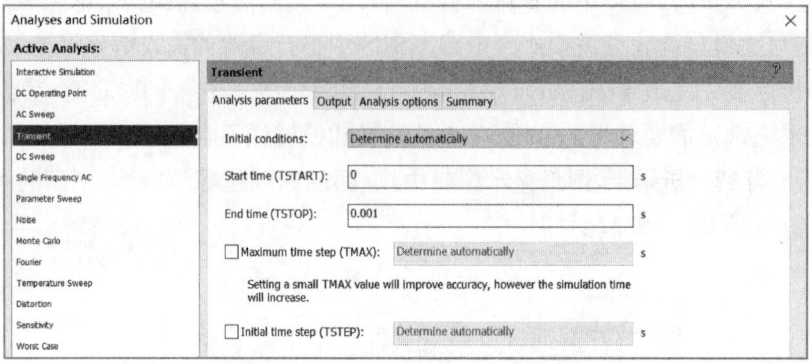

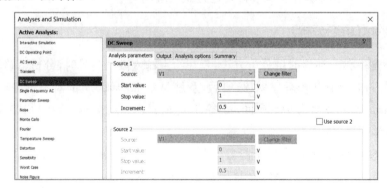

图 4.5.7　Transient(瞬态分析)对话框

些特殊要求。

Transient（瞬态分析）的操作方法参照交流分析部分，Output（输出）选项设置参照4.5.2节，Analysis parameters（分析参数）选项设置说明如下。

Initial conditions：选择分析开始的初始条件，其下拉菜单有4个选项：Set to zero（零状态初始条件）、User-defined（用户自定义初始条件）、Calculate DC operating point（直流工作点为初始条件）、Determine automatically（系统自动设定初始条件）。

Start time(TSTART)：设置分析开始时间。

End time(TSTOP)：设置分析结束时间。

Maximum time step(TMAX)：设置最大时间步长。

Initial time step(TSTEP)：设置起始时间步长。

4.5.5　DC Sweep(直流扫描分析)

直流扫描分析（DC Sweep）能给出指定节点的直流工作状态随电路中一个或两个直流电源变化的情况。选择 DC Sweep（直流扫描分析）选项后，系统显示如图 4.5.8 的对话框，其中包含 Analysis parameters（分析参数）、Output（输出）、Analysis options（分析设置）和Summary（概要）4 项内容。

图 4.5.8　DC Sweep(直流扫描分析)对话框

当只考虑一个直流电源对指定节点直流状态的影响时,直流扫描分析的过程相当于每改变一次直流电源的数值就计算一次指定节点的直流状态,其结果是一组指定节点直流状态与直流电源参数间的关系曲线;而考虑两个直流电源对指定节点直流状态的影响时,直流扫描分析的过程相当于每改变一次第二个直流电源的数值,确定一次指定节点直流状态与第一个直流电源的关系,其结果是一组指定节点直流状态与直流电源参数间的关系曲线。

DC Sweep(直流扫描分析)的操作方法参照其他分析方法,Output(输出)选项设置参照4.5.2,Analysis parameters(分析参数)选项设置说明如下。其中两个直流电源的设置方法相同。

Source:选择需要扫描的直流电源。

Start value:设置直流电源扫描开始的数值。

Stop value:设置直流电源扫描结束的数值。

Increment:设置直流电源扫描电压的增量值。

Use source 2:选择是否扫描两个直流电源。

4.5.6　Single Frequency AC(单一频率交流分析)

工作方式类似于 AC Sweep(交流分析),但是只在单一频率下做仿真分析。选择 Single Frequency AC(单一频率交流分析)选项后,系统显示如图 4.5.9 所示的对话框,其中包含 Frequency parameters(频率参数)、Output(输出)、Analysis options(分析设置)和 Summary(概要)4 项内容。

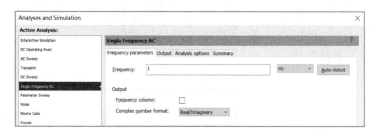

图 4.5.9　Single Frequency AC(单一频率交流分析)对话框

单一频率交流分析的设置和操作可以参照交流分析,在此不做赘述。

4.5.7　Parameter Sweep(参数扫描分析)

参数扫描分析是在用户可以较快地获得某个元器件的参数在一定范围内变化时对电路的影响。相当于该元器件每次取不同的值,进行多次仿真。选择 Parameter Sweep(参数扫描分析)选项后,系统显示如图 4.5.10 所示的对话框,其中包含 Analysis parameters(分析参数)、Output(输出)、Analysis options(分析设置)和 Summary(概要)4 项内容。

在参数扫描分析中,变化的参数可以从温度参数扩展为独立电压源、独立电流源、温度、模型参数和全局参数等多种参数。分析的结果包含直流工作点分析、瞬态分析和交流频率

图 4.5.10　Parameter Sweep(参数扫描分析)对话框

特性分析等。显然,温度扫描分析也可以通过参数扫描分析来完成。数字元器件在进行参数扫描分析时将被视为高阻接地。

其操作方法参照其他分析方法,Output(输出)选项设置参照 4.5.2 节,Analysis parameters(分析参数)选项设置说明如下。

(1) Sweep parameter:选择扫描的元器件参数,其下拉菜单有 3 个选项,即 Device parameter(元件参数)、Model parameter(模型参数)和 Circuit parameter(电路参数)。

Device type:选择扫描元器件的种类,其下拉菜单有 4 个选项,即 BJT(晶体管类)、Capacitor(电容类)、Resistor(电阻类)和 Vsource(电压源类)。

Name:选择元器件名称。

Parameter:选择元器件参数。

Present value:当前值。

Pescription:描述。

(2) Sweep variation type:选择扫描的方式,其下拉菜单有 4 个选项,即 Decade(十倍频程扫描)、Linear(线性扫描)、Octave(八倍频程扫描)和 List(列表扫描)。

Start:设置扫描开始值。

Stop:设置扫描结束值。

Number of points:设置扫描点数。

Increment:设置扫描增量。

(3) Analysis to sweep:选择分析类型,其下拉菜单有 5 个选项,即 DC Operating Point(直流工作点分析)、AC Sweep(交流分析)、Transient Analysis(瞬态分析)、Single Frequency AC(单一频率交流分析)和 Nested sweep(嵌套扫描)。

Edit analysis:设置相关的分析参数。

(4) Group all traces on one plot:选择此项将使所有分析结果曲线显示在同一窗口。

4.5.8　Noise(噪声分析)

　　Noise(噪声分析)用于检查电子线路输出信号的噪声功率幅度,计算、分析电阻或晶体管工作时产生的噪声对电路的影响。选择 Noise(噪声分析)选项后,系统显示如图 4.5.11 的对话框,其中包含 Analysis parameters(分析参数)、Frequency parameters(频率参数)、Output(输出)、Analysis options(分析设置)和 Summary(概要)5 项内容。

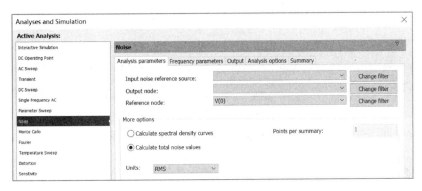

图 4.5.11　Noise(噪声分析)对话框

　　在分析时,假定电路中各噪声源是互不相关的,因此它们的数值可以分开各自计算。总的噪声是各噪声在该节点的和(用有效值表示)。软件提供了热噪声、散弹噪声和闪烁噪声等 3 种不同的噪声模型。噪声分析利用交流小信号等效电路,计算由电阻或晶体管器件所产生的噪声总和。假设噪声源互不相关,而且这些噪声值都可独立计算,总噪声等于各个噪声源对于特定输出节点的噪声均方根之和。

　　Frequency parameters(频率参数)选项的设置基本与交流分析一致,Analysis parameters(分析参数)选项设置说明如下。

　　Input noise reference source:选择输入噪声的参考电源(只能选择一个交流信号源)。

　　Output node:选择噪声输出节点(在选择的节点上将所有噪声贡献求和)。

　　Reference node:选择参考节点(通常取接地点)。

　　Change filter:添加电路的内部节点号、子电路模块和开路引脚。

　　Calculate spectral density curves:计算谱密度曲线。

　　Points per summary:设置输出谱密度曲线的采样点数。

　　Calculate total noise values:计算总噪声。

4.5.9　Monte Carlo(蒙特卡罗分析)

　　Monte Carlo(蒙特卡罗分析)是一种常用的统计分析,它由多次仿真完成,每次仿真中元器件参数按指定的容差分布规律和指定的容差范围随机变化。选择 Monte Carlo 选项后,系统显示如图 4.5.12 的对话框,其中包含 Tolerances(容差)、Analysis parameters(分析参数)、Analysis options(分析设置)和 Summary(概要)4 项内容。

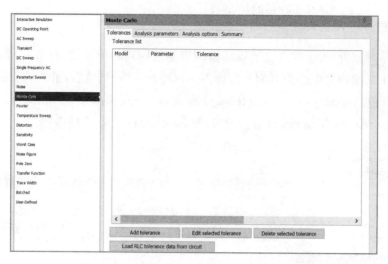

图 4.5.12　Monte Carlo(蒙特卡罗分析)对话框

第一次仿真分析时使用元器件的正常值,随后的仿真分析使用具有容差的元器件值,即元器件的正常值减去一个变化量或加上一个变化量,其中变化量的数值取决于概率分布。蒙特卡罗分析中使用了两种概率分布:均匀分布(Uniform)和高斯分布(Gaussian)。通过蒙特卡罗分析,电路设计者可以了解元器件容差对电路性能的影响。

Tolerances(容差)选项设置说明如下。

Tolerance list:当前元器件参数容差显示区。

Add tolerance:添加新的元器件容差。

Edit selected tolerance:编辑已选元器件容差。

Delete selected tolerance:删除已选元器件容差。

单击添加或编辑元器件容差按钮(Add tolerance 或 Edit selected tolerance)时,系统弹出如图 4.5.13 所示的容差设置对话框。其参数设置说明如下。

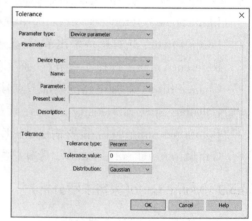

Parameter type:选择元器件参数或模型参数。

Device type:选择元器件的种类。

Name:选择元器件的名称。

Parameter:选择需要设置容差的参数。

Present value:当前值。

Tolerance type:选择容差形式,其下拉菜单有 2 个选项,即 Absolute(绝对值)和 Percent(百分比)。

图 4.5.13　容差设置对话框

Tolerance value：设置元器件的容差值。

Distribution：设置容差分布，其下拉菜单有 2 个选项，即 Uniform（均匀分布）和 Gaussian（高斯分布）。

完成或修改容差设置后，单击"OK"按钮，系统返回到图 4.5.12 元器件容差列表对话框，继续添加或修改元器件的容差设置。最后，设置 Analysis parameters（分析参数），如图 4.5.14 所示，其参数设置说明如下。

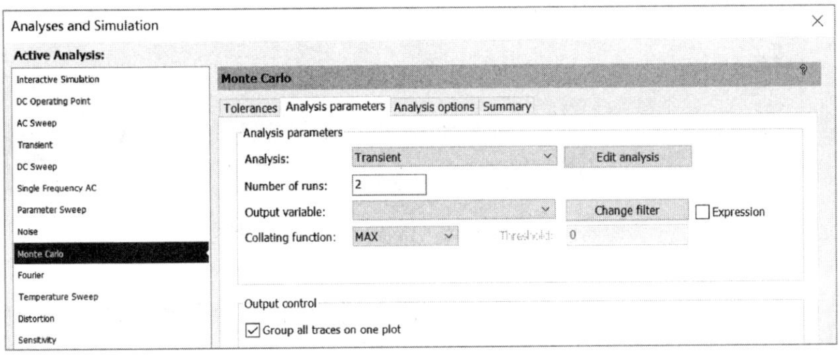

图 4.5.14　Analysis Parameters 对话框

Analysis：选择分析类型，其下拉菜单有 3 个选项，即 DC Operating Point（直流工作点分析）、AC Sweep（交流分析）和 Transient（瞬态分析）。

Number of runs：设置蒙特卡罗分析次数，其值必须不小于 2。

Output variable：选择输出节点。

Collating function：选择比较函数。

Edit analysis：编辑所选分析的参数。

Change filter：添加电路内部节点等。

Output control：结果曲线显示在同一窗口。

4.5.10　Fourier（傅里叶分析）

Fourier（傅里叶分析）是一种分析复杂周期性信号的方法，用于分析一个时域信号的直流分量、基频分量和谐波分量，即把被测节点处的时域变化信号进行离散傅里叶变换，求出它的频域变化规律。选择 Fourier（傅里叶分析）选项后，系统显示如图 4.5.15 的对话框，其中包含 Analysis parameters（分析参数）、Output（输出）、Analysis options（分析设置）和 Summary（概要）4 项内容。

傅里叶分析将非正弦周期信号分解为一系列正弦波、余弦波和直流分量之和。根据傅里叶级数的数学原理，周期函数 $f(t)$ 可以写为

$$f(t) = A_0 + A_1 \cos \omega t + A_2 \cos 2\omega t + \cdots + B_1 \sin \omega t + B_2 \sin 2\omega t + \cdots \quad (4.5.1)$$

傅里叶分析以图表或图形方式给出信号电压分量的幅值频谱和相位频谱。傅里叶分析

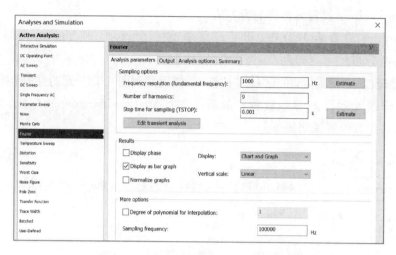

图 4.5.15　Fourier（傅里叶分析）对话框

同时也计算了信号的总谐波失真（THD），THD 定义为信号的各次谐波幅度平方和的平方根再除以信号的基波幅度，并以百分数表示：

$$THD = \left[\left(\sum_{i=2} U_i^2\right)^{\frac{1}{2}} / U_1\right] \times 100\% \qquad (4.5.2)$$

在进行傅里叶分析时，必须先选择被分析的节点，一般将电路中的交流激励源的频率设定为基频，在电路中有几个交流源时，可以将基频设定在这些频率的最小公倍数上。

其操作方法参照其他分析方法，Output（输出）选项设置参照 4.5.2 节，Analysis parameters（分析参数）选项参数设置说明如下。

Frequency resolution（fundamental frequency）：设置基波频率。一般取电路中交流电源的频率，若有多个交流电源则取其最大公约数。

Number of harmonics：设置需要分析的谐波次数。

Stop time for sampling（TSTOP）：设置采样停止时间。

Edit transient analysis：设置瞬态分析参数。

Estimate：自动估算设置基波频率/采样结束时间。

Display phase：设置显示相位频谱。

Display：选择显示方式，其下拉菜单有 3 个选项，即 Chart（图表）、Graph（曲线）和 Chart and Graph（图表加曲线）。

Display as bar graph：设置显示线条状频谱图。

Normalize graphs：设置显示归一化频谱图。

Vertical scale：选择纵坐标刻度，其下拉菜单有 4 个选项，即 Linear（线性）、Logarithmic（对数）、Decibel（分贝）和 Octave（倍数）。

Degree of polynomial for interpolation：设置多项式维数，维数越高则仿真精度越高。

Sampling frequency：设置采样频率。

4.5.11　Temperature Sweep(温度扫描分析)

Temperature Sweep(温度扫描分析)可同时观察到在不同温度条件下的电路特性,相当于该元器件每次取不同的温度值进行多次仿真,分析的内容包含直流工作点分析、瞬态分析和交流频率特性等分析。选择 Temperature Sweep 选项后,系统显示如图 4.5.16 所示的对话框,其中包含 Analysis parameters(分析参数)、Output(输出)、Analysis Options(分析设置)和 Summary(概要)4 项内容。

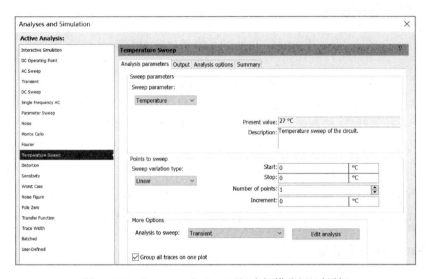

图 4.5.16　**Temperature Sweep(温度扫描分析)对话框**

温度扫描分析只适用于半导体器件和虚拟电阻,并不对所有元器件有效。通过温度扫描分析对话框选择被分析元器件的温度的起始值、终值和增量值。在进行其他分析时,电路的仿真温度默认值设定为 27 ℃。

Temperature Sweep(温度扫描分析)的设置方法和说明与 Parameter Sweep(参数扫描分析)类似,详见 4.5.7 节,在此不做赘述。

4.5.12　Distortion (失真分析)

Distortion (失真分析)用于分析电子电路中的谐波失真和内部调制失真(互调失真),放大电路输出信号的失真通常是由电路增益的非线性与相位不一致造成的,而非线性失真会导致谐波失真,相位偏移会导致互调失真。选择 Distortion (失真分析)选项后,系统显示如图 4.5.17 所示的对话框,其中包含 Analysis parameters(分析参数)、Output(输出)、Analysis options(分析设置)和 Summary(概要)4 项内容。

软件失真分析通常用于分析那些采用瞬态分析不易察觉的微小失真。如果电路有一个频率为 f_1 的交流信号时,失真分析将计算节点的二次和三次谐波的复变值;如果电路有两个频率分别为 f_1 和 f_2 的交流信号,那么分析三个特定频率相对 f_1 的互调失真,这三个频

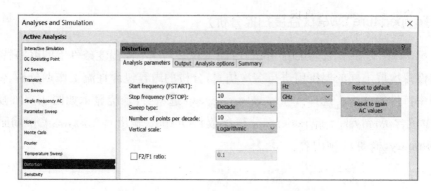

图 4.5.17　Distortion (失真分析)对话框

率分别是：$(f_1+f_2),(f_1-f_2),(2f_1-f_2)$ (假设 $f_1>f_2$)。

　　操作方法参照其他分析方法,Output(输出)选项设置参照 4.5.2 节,Analysis parameters(分析参数)选项参数基本和交流分析类似,其余设置说明如下。

　　F2/F1 ratio:当电路中有两个频率分别为 f_1 和 f_2 的交流信号时,其互调失真的分析需设置 f_1/f_2 的比值,其值在 $0\sim1$ 之间;不选择该项时,分析结果是 f_1 作用时的二次、三次谐波失真,分析结果为 (f_1+f_2)、(f_1-f_2) 和 $(2f_1-f_2)$ 相对 f_1 的互调失真。

　　Reset to main AC values:将分析参数设置恢复为交流分析的参数设置。

4.5.13　Sensitivity(灵敏度分析)

　　Sensitivity(灵敏度分析)分析电路中元器件参数的变化对直流工作点和交流频率相应特性影响的程度,包含直流灵敏度分析和交流灵敏度分析。选择 Sensitivity 选项后,系统显示如图 4.5.18 所示的对话框,其中包含 Analysis parameters(分析参数)、Output(输出)、Analysis options(分析设置)和 Summary(概要)4 项内容。

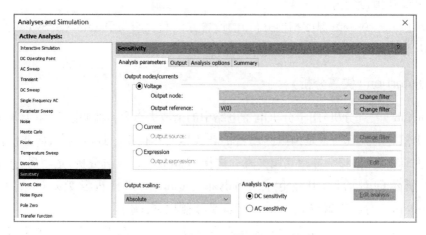

图 4.5.18　Sensitivity(灵敏度分析)对话框

　　操作方法参照其他分析方法,Output(输出)选项设置参照 4.5.2 节,Analysis

parameters(分析参数)选项设置说明如下。

Voltage：选择电压灵敏度分析。

Output node：选择需要分析的节点。

Output reference：选择参考节点。

Change filter：添加电路内部节点、子电路模块等。

Output scaling：选择输出比例，其下拉菜单有 2 个选项，即 Absolute(绝对灵敏度)和 Relative(相对灵敏度)。

Analysis type：选择进行 DC sensitivity(直流灵敏度分析)或 AC sensitivity(交流灵敏度分析)。

Edit analysis：选择交流灵敏度分析时设置相应的交流分析参数。

4.5.14　Worst Case(最坏情况分析)

Worst Case(最坏情况分析)是一种统计分析的方法，在给定元器件参数容差的条件下，分析出电路性能相对于元器件参数标称时的最大偏差。所谓最坏情况，是指电路中的元器件参数在其容差域边界上取某种组合时所引起的电路性能的最大偏差。选择 Worst Case(最坏情况分析)选项后，系统显示如图 4.5.19 所示的对话框，其中包含 Tolerances(容差)、Analysis parameters(分析参数)、Analysis options(分析设置)和 Summary(概要)4 项内容。

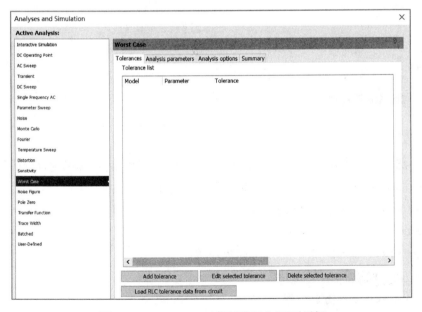

图 4.5.19　Worst Case(最坏情况分析)对话框

做最坏情况分析时，第一次仿真运算采用元器件的标称值。然后，进行灵敏度分析，确定电路中某节点电压或某支路电流相对于每个元器件参数的灵敏度。当某元器件的灵敏度是负值时,最坏情况分析将取该元器件参数的最小值,反之取元器件参数的最大值。最后,在元器件参数取最大偏差的情况下,完成用户指定的分析。最坏情况分析有助于电路设计人员掌握元器件参数变化对电路性能造成的最坏影响。

Tolerances(容差)选项与 Monte Carlo(蒙特卡罗分析)的元器件容差列表选项类似。当单击添加或编辑元器件容差按钮(Add tolerance 或 Edit selected tolerance)时,与蒙特卡罗分析的容差设置对话框相比,该对话框仅仅缺少了容差概率分布选项。

完成或修改容差设置后,单击"OK"按钮,系统返回到器件容差列表对话框,继续添加或修改元器件的容差设置。最后,打开 Analysis parameters(分析参数)对话框,其参数只比蒙特卡罗分析参数少了两项,其余参数设置的详细说明参照蒙特卡罗分析的介绍。

4.5.15　Noise Figure (噪声系数分析)

Noise Figure (噪声系数分析)用于研究元器件模型中的噪声参数对电路的影响。选择 Noise Figure (噪声系数分析)选项后,系统显示如图 4.5.20 所示的对话框,其中包含 Analysis parameters(分析参数)、Analysis options(分析设置)和 Summary(概要)3 项内容。

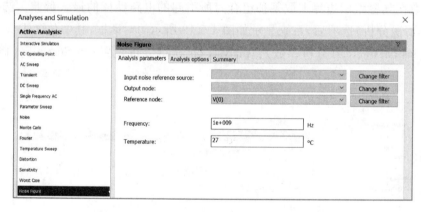

图 4.5.20　Noise figure (噪声系数分析)对话框

操作方法参照其他分析方法,Analysis parameters(分析参数)选项设置说明如下。

Input noise reference source:选择输入噪声参考源。

Output node:选择噪声输出节点。

Reference node:选择参考节点。

Change filter:添加内部节点、子电路模块等。

Frequency:设置输入信号频率。

Temperature:设置仿真温度。

4.5.16　Pole Zero(极点-零点分析)

Pole Zero(极点-零点分析)用于寻找一个电路在交流小信号工作状态下,其传递函数的零点和极点,是一种对电路的稳定性分析相当有用的工具。选择 Pole Zero(极点-零点分析)

选项后,系统显示如图 4.5.21 所示的对话框,其中包含 Analysis parameters(分析参数)、Analysis options(分析设置)和 Summary(概要)3 项内容。

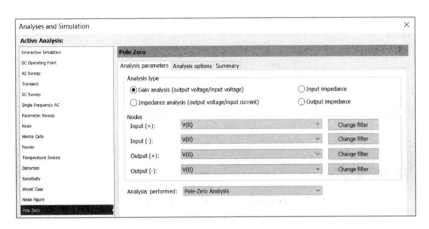

图 4.5.21　Pole Zero(极点-零点分析)对话框

　　通常先进行直流工作点分析,对非线性元器件求得线性化的小信号模型,在此基础上再分析传输函数的零点、极点。极点-零点分析主要用于模拟小信号电路的分析,数字元器件将被视为高阻接地。

　　操作方法参照其他分析方法,Analysis parameters(分析参数)选项设置说明如下。

　　Analysis type:分析类型包含 Gain analysis(选择增益分析,即输出电压/输入电压)、Input impedance(选择输入阻抗分析,即输入电压/输入电流)、Output impedance(选择输出阻抗分析,即输出电压/输出电流)和 Impedance analysis(选择互阻抗分析,即输出电压/输入电流)4 个选项。

　　Nodes:包含 Input(+)(选择正的输入节点)、Input(-)(选择负的输入节点)、Output(+)(选择正的输出节点)和 Output(-)(选择负的输出节点)4 项内容。

　　Analysis performed:选择分析项目,其下拉菜单有 Pole-Zero Analysis(同时求出极点和零点)、Pole Analysis(只求极点)和 Zero Analysis(只求零点)3 个选项。

4.5.17　Transfer Function(传递函数分析)

　　Transfer Function(传递函数分析)用于求解电路输入与输出间的关系函数,包括电压增益(输出电压与输入电压的比值)、电流增益(输出电流与输入电流的比值)、输入阻抗(输入电压与输入电流的比值)、输出阻抗(输出电压与输出电流的比值)、互阻抗(输出电压与输入电流的比值)等。选择 Transfer Function(传递函数分析)选项后,系统显示如图 4.5.22 所示的对话框,其中包含 Analysis parameters(分析参数)、Analysis options(分析设置)和 Summary(概要)3 项内容。

　　在求解时需先对模拟电路或非线性元器件进行直流工作点分析,求得线性化模型,然后再进行小信号分析。输出变量可以是电路中的节点电压,输入必须是独立源。

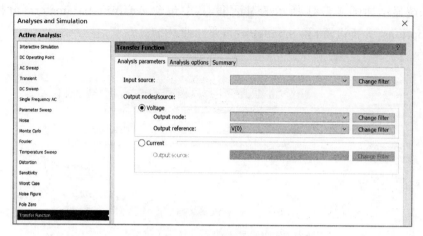

图 4.5.22　Transfer function(传递函数分析)对话框

操作方法参照其他分析方法，Analysis parameters(分析参数)选项设置说明如下。

Input source：选择需要分析的输入信号源。

Output nodes/source：选择需要分析的输出变量，包含 Voltage(电压)和 Current(电流)。

Output node：选择输出节点。

Output reference：选择输出电压的参考点。

参考文献

[1] 邱关源,罗先觉.电路[M].5 版.北京:高等教育出版社,2011.

[2] 周淑阁. 模拟电子技术实验教程[M].南京：东南大学出版社,2008.

[3] 童诗白,华成英.模拟电子技术基础[M].5 版.北京:高等教育出版社,2015.

[4] 余佩琼.电路实验与仿真[M].北京：电子工业出版社,2016.

[5] 杨晓慧,葛微.模拟电子技术实验教程[M].北京：电子工业出版社,2014.

[6] 郭彩荣.电路实验实训及仿真教程[M].南京：东南大学出版社,2015.

[7] 成立,王振宇.模拟电子技术基础[M].2 版.南京：东南大学出版社,2015.

[8] 堵国樑.模拟电子电路基础[M].北京：机械工业出版社,2014.

[9] 程春雨,商云晶,吴雅楠.模拟电路实验与 Multisim 仿真实例教程[M].北京：电子工业出版社,2020.